了解你的狗

瓦蕾莉·塔瑪（Valérie Dramard）◎著
喬凌梅◎譯

目次

3

前言

狗與人類一起生活了數千年，彼此有許多相同之處。首先，兩者都是社會化動物，很自然地過著群居生活，這顯然都需要良好的溝通能力。而且兩者的階級組織，無論是結構或社會規範都很相似。另外，人類和狗對其他個體都有感知、表達情感及互相依戀的本能。

但無論如何，人和狗還是有很大的差別；除了外型不同之外，人類會說話，狗則具有比人類更好的嗅覺功能，可以敏銳地體察周遭環境。不過，狗不會複雜的謀算或耍小陰險，牠也無法和主人一樣，對事情有相同的認知，以致於會發生誤會或不了解的狀況。因此，當主人誤解狗的反應時，人和狗的關係就會迅速惡化。

本書爲飼主和未來的狗主人，以及有機會與狗共處的人，解說狗如何觀察牠周遭的世界，以及在不同的情況下會出現的行爲，並提供許多隨機應變的建議。書中分爲居家生活、戶外生活和出遊聚會等主題來介紹非常實用的觀念，讀者可以從頭開始依序閱讀，也可以依照個別需求，直接翻閱特定資訊。

瓦蕾莉・塔瑪

第一章

居家生活

狗與食物

狗 最初是掠食性動物，被飼養在人類家庭中後，每天吃一到兩餐。進食的方式取決於牠的位階，母犬也會在進食過程中教導幼犬。

狗雖然是掠食性動物，但被人類馴養後，便不再需要為了果腹而獵食。

⬇ 已經社會化的幼犬在人類接近牠們的食盆時，不會發出低吠的聲音。

為生存而進食

雖然狗的食性已經傾向和人類一樣，是雜食性動物，但仍以肉食（獵物）為主。未被馴養前，狗是以獵食維生。小型獵物像兔子、鳥或較大型的羊等，都是牠們的主要食物。不論是野生或馴養的狗，都只獵食那些沒有社會化，也就是不被牠們視為同

類的小動物。

由於狗強大的衝勁與活潑好動的本性，讓適合參與打獵行動，不過玩伴型的狗不會因為飢餓而獵食。但是當一群狗中有一條狗開始追捕一隻動物時，可能引發其他狗跟著追逐。

獵狗的追獵行為是品種的特徵；某些狗（如獵狗），在看到獵物或其他東西的時候，會採取特定的姿勢，在追獵的時候也會發出特別的吠聲。

進食是母犬教導幼犬的時機

母犬的角色

飲食除了維持生命之外，也是母犬訓練幼犬社會化的一種管道，也就是說，教導牠們如何過社會生活。一個月大的幼犬就不再需要吸食母奶，牠的消化道已經成熟，可以吸收並且消化固體食物。幼犬的小牙齒長出來後，便可以咀嚼食物，牠的味覺喜好也會改變。牠會用四肢更快速地奔來跑去，不再爬行，吃的食物也和成犬的類似。

等候進食
也是學習自制的方式

若幼犬撲向食物便會被母犬糾正，藉此學習控制自己的行動與自制。在這個過程中，幼犬將學會控制自己的情緒，了解耐心等候才能吃飽。這是牠調整感覺平衡（讓感覺和情緒平衡）的方式之一。

⬆ 母犬不容許幼犬為了爭食而打架。

幼犬飢餓時在狗群中也會推擠別人，爲了要搶先吃，更會毫不考慮地發出低吠聲。

母犬可不容許這種推擠，她會糾正幼犬，教導牠在成犬吃完後才能進食。母犬會對牠發出威嚇性的低吼，必要時會輕咬幼犬以阻止牠發出低吠。於是小狗會哀叫、四腳朝天地滾向一邊，撒出幾滴尿，靜止不動。這個服從的姿勢可以約束母犬進一步的攻擊（修理），讓小狗可以靠近牠垂涎的食物。每次牠沒有表現出服從的姿態、急忙地撲向食物時，母犬就會用以上的方式糾正牠。

所以我們會看到在幼犬學習社會化的階段（三至十二週歲），母犬看似會攻擊同一胎生的幼犬。這時候便得將幼犬撤出，但如果在兩個月大以前將小狗撤離，那可是嚴重的錯誤，因爲被我們解讀爲攻擊的行爲，其實是在教導。

母犬的威嚇行動可不會含含糊糊的，那是對幼犬非常重要的教導，或許可能會讓牠們受點皮肉小傷，但其實一點也不嚴重。好在母犬這番教導行爲，能讓幼犬學會如何靠近食物以及界限在哪裡。這個約在幼犬兩個月大的時期是非常基礎的階段。

服從的姿勢

幼犬從飲食的經驗學會運用服從的姿勢，例如：翻肚皮躺著不動，可以使母犬平靜，同時舒緩她的威嚇。幼犬漸漸長大後，會了解到這個姿勢通常可以阻止一切攻擊。

學會服從以避免衝突，這是幼犬社會化的基礎階段，也藉由這些基本的溝通，牠可以和其他狗兒一起過群體生活。

主動安撫

漸漸地，母犬會讓幼犬接近狗群裡的其他成犬。成犬對幼犬很寬容，但是如果幼犬試圖在牠之前靠近食物的話，牠一定會發出低吼以嚇阻。

⬆ 成犬對幼犬特別寬容，但是如果幼犬過於好動、胡鬧，成犬會發出低吼使牠安靜。

儘管如此，當幼犬咬母犬的嘴唇索討東西吃時，母犬仍會反芻一些食物給牠。

幼犬會採取低姿態靠近成犬：低頭、兩耳向後貼、四肢彎曲、尾巴放低搖擺，還可能發出呻吟。這種特殊的「主動安撫」行為是社會儀式之一，也是當你生氣時，狗兒靠近你時所採取的姿勢。

主動安撫讓狗可以接近看起來有威脅感的人，並且降低對方攻擊的危險。狗以較低姿態向對方表示：「別攻擊我啊，你看，我可是很願意服從你的。」這種行為因為是服從姿勢，因此可以達到阻止攻擊的目的。

社會儀式

像吃飯、玩耍或睡覺等基本的行為儀式具有溝通功能，它能避免衝突、使群體團結。幼犬在社會化時期會跟著母親、兄姊及其他成犬學習社會儀式。

位階明確避免衝突

學習吃飯的規矩具有聚集群體力量的作用，而狗群中明確的位階則能幫助幼犬更加社會化。

在狗群中，每一餐都有既定的規矩，可確保每隻狗在階級中的位置，並避免衝突。

● 領導犬

領導犬最先吃飯，被領導犬次之，最後才是幼犬。領導犬靠近食物時，其他犬隻應避開，否則會受到團規（階級攻擊）的提醒。領導犬會高傲地嗅一嗅，看看四周，以確定大家都在注意看著牠進食。如果有必要，領導犬會將食物帶到大家看得到、牠自己喜歡的高處，在那裡安靜地品嘗，驕傲的模樣就像路易十四在皇宮用餐一樣。

狗群中，由領導犬先吃，被領導犬在一旁看著，等候著接近食物。

● 被領導犬

狗群中的被領導犬若靠近進食中的領導犬，可能會讓領導犬

幼犬長大後，成犬便不會如以往般地縱容，當牠們不遵守規矩時，成犬會毫不猶豫地露出威嚇姿態。

變得很危險。可是，總有一些野心勃勃的年輕狗兒冒險嘗試從旁偷一塊肉，如果成功了，狗兒們就可以在眾目睽睽之下快快吃完。

領導犬吃飽後會抬起頭慢步離開，同時檢視其他的狗在他離開後，接著吃剩餘的部分。

被領導犬吃東西的速度很快，因為一旦領導犬想要回頭來吃，牠們就得讓位。通常，被領導犬會啣著牠們的食物到隱密的地方吃，以免被領導犬打擾。

狗群的進食儀式也許令人感到諷刺，不過領導犬幾近王者的姿態，以及受到狗群尊敬和畏懼的情狀，在在顯示出姿勢、吃飯的地方、吞嚥速度等，都是溝通的要素和基本的群居儀式，使這個小小社會得以順利運作。正如遵守道路規則可避免交通事故一樣，社會儀式也能確保群體內的和平。

學習在家中的規矩

如果說人類的家庭和狗群的運作完全一樣，是錯誤的想法。然而遵守某些規則，可以讓狗充分感覺自己是家中的一分子。

狗能明顯地發覺家庭的成員不是牠的同類，因為人用兩腳走路，不會搖耳朵也沒有尾巴，而

且身上沒有狗味！不過，從人說話的音調和肢體動作，牠能知道你們是高興還是生氣。至於進食儀式，則是幼犬學習和同類溝通的方式。狗在家庭中學習一些規矩還是很重要的。

適當的訓練規則

和自己的愛犬分享餐食是件愉快的事。長久以來，狗、豬和雞已經習慣吃剩菜，但是最好不要在桌邊給牠吃。這樣一來，你可以安心吃飯，二來也可避免讓牠有機會變成領導者。

事實上，你理應位居領導者的地位，你的動物伙伴則是服從者。

● 主人用餐

狗應在一旁看著你吃飯。如果牠敢打擾你吃飯，是缺乏尊重的行為，不該縱容牠。

當然，要趁著狗還年幼的時候就訓練牠尊重你用餐，千萬不要養成牠在餐桌旁邊吃一小塊肉或一小塊乳酪的壞習慣，因為一旦你不給時，牠就會向你討取東西吃。

如果你回應了牠的討食行為，以後牠甚至會固執地用爪子抓你，或是用頭頂撞你的手肘。尤其是如果牠順利得到一些甜頭

的話，下一餐就會繼續依樣畫葫蘆。

此外，如果你拗不過狗的堅持，而讓步給牠一點東西吃的話，等於是服從狗的命令，就像你是被領導者，放棄了自己的食物給領導者一般。

⊕ 避免讓狗上桌吃飯。除了衛生的問題之外，這也會造成牠自以為是領導者。

● 讓狗獨自進食，當牠吃東西的時候要避免打擾牠。

狗兒進食

要讓狗心裡有明確的吃飯規矩，讓牠明白，你用完餐後就會給牠飯吃。

爲了讓狗安靜地吃，應將牠的食盤放在安靜而隱密的地方，最好遠離走道。廚房是很理想的地方，如果牠吃的時候有散落的殘渣，你也能輕易收拾並清洗地面。

在狗吃東西的時候，避免在牠四周走動，牠可能會覺得不自在。但請記得，當你靠近狗的食物時，牠應該要讓出位子，如同領導犬忽然出現時，被領導犬該有的舉動。

如果牠餓了又不能安穩地吃飯，可能會發出低吼，這是正常的反應。這種恫嚇是一種生氣的表徵，似乎說：「啐，別來吵我，讓我好好吃！」

將狗的食物放在地上後，就離開房間，好讓牠安心享用。通常給牠五到十分鐘的時間就足夠了。別忘了，被領導犬吃飯時狼吞虎嚥，唯獨領導犬可以在大家面前細嚼慢嚥。

將食盤放在地上最多十分鐘後，無論狗是否已進食完畢，都要將食盤收回，這對養成狗規律地吃飯是很有效的秘訣。

如果最後還剩下一些零星的

啣著食物到處跑

有些狗會當著主人的面坐到沙發前，嘴裡啣著食物在客廳的地毯上吃。由於牠就在你眼前，變成主人被迫要看著牠吃，這樣狗兒等於是強迫主人承認牠是一家之主。別陷入這種詭計之中，你應該將牠帶到牠自己的地方，再讓牠繼續享用美味。

淺盤

在桌上放一個小淺盤，將打算給狗吃的食物放在裡面。

這麼做有兩個目的；一來你可以檢視飼料的總量是否符合狗的飲食需求（分量、脂肪含量），二來主要可向狗兒暗示：「好好等著啊，等我忙完，而你也很乖的話，時候到了就通通給你吃。」

讓狗獨自、安穩地進食

食物,而你又擔心牠沒吃飽,那就等下一餐再給牠吃吧。如果你覺得牠好像對食物不滿意,避免在牠身邊用手餵牠吃。

事實上,牠可能是想利用這種方法逼你參與牠進食,就像你是領導犬面前的被領導犬一樣。

如果狗特別貪吃而且整個撲向食物時,最好訓練牠遵照規矩吃。在準備牠的食物時,讓牠在一定的距離坐著等候。飼料裝填好之後,靜靜地將食物放下,然後招呼牠過來吃,這樣便能讓牠學會自我控制。

暴食症

如果狗一直想吃,並且到了病態的程度,就必須向獸醫請教。暴食是很多疾病的徵候,尤其是某些荷爾蒙混亂(醣尿病、庫欣氏症候群等)的症狀。過動的狗通常有暴食症。暴食也可能是因為焦慮不安,有點像我們一樣,狗也會靠吃來安撫情緒。

◑ 常常見到有點過胖的拉布拉多犬,其實所有的犬類都應該注意體重問題。

睡眠的重要

狗 的睡眠時間比人類長很多，而且牠似乎也會做夢。狗睡覺的地方和牠的位階相對應，最好選擇適當的地方安置狗籃，那裡是牠休息而且不受打擾的地方。

成犬正常的睡眠時間大約是每天十三小時，而人類是八小時。這表示狗通常和主人一樣，整晚都在睡覺，但牠在白天還會額外進行兩次舒服的午覺，一次在上午，一次在下午。

幼犬的睡眠

幼犬比成犬睡得更多；剛出生時，牠只有一〇％的時間是醒著。到兩週歲之前反常睡眠佔睡眠時間的九五％，狗會在這期間做夢，可能是因為在這段特別的睡眠期間，腦細胞互相連結而且發展最快的關係。事實上，這時候

你知道嗎？

狗會做什麼夢？ 我們注意看狗睡覺的時候，牠的四肢末端會晃動，鬍鬚微微顫動，而且有時發出呻吟或微細的叫聲。這些動作讓人聯想到狗的夢境，有時牠好像在追什麼東西，也好像正和另一隻狗玩，或正好相反，是在打架呢！

◑ 狗在白天需要兩次充足的睡眠。

大腦正進行密集的活動，幼犬可能趁著這段時間複習並且記錄清醒時所學到的東西。

當幼犬漸漸長大時，持續睡眠的時間會減少，反常睡眠的比例也會相對低於熟睡時間的比例。

狗也會做夢

狗和我們一樣也會做夢。牠的睡眠結構和我們人類睡眠的情形（熟睡與反常睡眠交替進行）非常相似，但有些品種的狗睡得較多，有些則較少。

分析狗的腦電波，可將完整的睡眠區分為半睡眠狀態、淺層熟睡、深層熟睡和反常睡眠等四個階段，每一階段持續一個半到兩小時之間。

狗在熟睡時身體會放鬆，也不會做夢。不過有時四肢、尾巴等部位會出現微小的動作，或發出聲音，會使人聯想到夢境的存在。

儘管如此，專家們確定，狗在熟睡期間並不會做夢，這和我們所推想的正好相反。

在熟睡之後的反常睡眠階段有兩大特點：狗在此時做夢，牠的腦部有密集的活動，但除了眼皮下的眼睛會動之外，身體完全不動。

幼犬依偎著母犬睡覺

小狗出生十五天以後才能看見和聽到聲音，因此牠得依賴媽媽的體溫引導，找到母犬，我們稱之為正趨溫性。

幼犬會緊靠著狗媽媽溫熱又柔軟的腹部睡覺，不只是溫暖的腹部可以使牠安心，腹部散發的費洛蒙（信息素）也可以安撫幼犬。

小狗長到兩週大時應該就可以看到、聽到，而且會自己走向狗媽媽，同時呼喚媽媽，尋求牠的注意，此為溝通的開始。

幼犬只要見到媽媽，就足以

費洛蒙（信息素）

費洛蒙是生物散發的外分泌物，是用以傳遞訊息的化學物質，能激起同種成員的生理或行為反應。最近研究發現，當幼犬嗅聞母犬時，母犬的乳房會分泌安撫幼犬的特殊物質，稱為「安撫費洛蒙」。

在動物醫院可買到製成電子擴散器或項圈型式的類似安撫素，稱為「犬用安撫費洛蒙」（DAP；Dog Apeasing Pheromones）。它可用來照顧焦慮不安的狗，或幫助新飼養的小狗習慣新家、習慣獨自睡在自己的籃子裡。

● 如果狗兒們相處融洽，牠們可以睡在一起。

得到安撫，所以能和媽媽相隔一段距離獨自睡覺，而不一定真的要依偎在媽媽身邊。

睡眠與成長

狗和人類一樣，在睡眠時體內會分泌出大量的生長激素，因此，幼犬睡眠不足可能會對生長造成不良影響。

睡眠的重要性——恢復體力

睡眠使狗在生理活動之後得到休息、恢復體力，就像人類需要小睡一下來補充體力一樣。如果狗睡眠不足，可能會產生行為障礙。

事實上，缺乏睡眠可能會引發腦神經和荷爾蒙調節混亂，有些狗會因此變得易怒不安，甚至出現攻擊行為。一夜好眠和白天兩次時間較短的午覺，是狗身體健康的基礎。

● 睡眠不足

狗一天的睡眠不足八小時，專家便稱為「睡眠不足」。如果你的愛犬白天總是在屋內活動都不睡覺，或是一定要大家都停止活動才肯睡的話，牠就可能是過動的狗。可以請教獸醫以幫助牠更有效地自我控制，其主要目的就是睡得更好。

● 睡眠過剩

相反地，如果狗一天睡眠超過十五小時，則被視為「睡眠過剩」。通常狗生病和發燒的時候，會有嗜睡的傾向。

如果牠的疲態變成長期性的，尤其是懶得動又不停地睡，就應該要帶牠去看醫生了。像消

化問題、荷爾蒙混亂或腫瘤等慢性疾病的病徵都是過度疲勞和不正常的疲倦。

狗睡覺的位置

在一群狗裡，狗睡覺的地方可不是微不足道的小事，睡覺的地方顯示出牠在階級中的地位。無論如何，只有成犬有位階之分，幼犬睡在母犬旁邊，被排除在位階之外。

在一個月大以前，幼犬緊靠著媽媽睡，然後慢慢地拉開距離。發情期之後，狗睡覺的位置根據牠的領導階級而定。

狗籃應該放在遠離走道的地方

領導狗群的公犬和母犬睡在戰略位置，以利監督狗群之外其他來往的犬隻，並且控制牠們的行動。

被領導犬在領導犬視線範圍內，甚至在其注視之下，睡在隱密的地方。狗群中某些狗甚至會在自己睡覺的地方挖洞藏身以免受到干擾。而如果哪隻冒失的狗睡在走道上，領導犬就會把牠趕走。

● 狗籃是狗覺得安全的棲身之地。

明確地向幼犬指出准許
牠睡覺的地方，是非常
重要的。

● 規則

如果將以上邏輯轉換到家裡，慎選安放狗籃的位置就很重要了。最好一次選擇幾個固定的地方，不要每次移動籃子換地方，以免狗產生不安定感。可以將籃子或睡毯放在任何一個房間，只要不是在走道中間或高處即可。

● 領導犬的地方

走廊、玄關、樓梯腳或樓梯頂代表戰略位置，也就是領導者的地方。

如果籃子放在通道，狗會將此視為領導犬的特權，有點像是占據了控制的位置，以及管制家中成員進出的關口。

當然，並不是所有的狗都野心勃勃地想利用領導的特權占據優勢，不過這確實是一個模糊又

你知道嗎？

領導犬的地位其實會令狗憂懼慌張：將領導犬的位子讓給一隻原來不該牠操心的狗，必然會讓牠焦慮不安。就好像在沒有說明之下，要求公司的一位職員坐在總經理的位子上一樣，會讓人緊張憂慮，因為該職員不知道自己為什麼會位處高階；一方面他感覺被迫待在那裡，只因有人請他坐下；另一方面，按常理而言，那兒並不是他的位子。同樣的情形，狗可能也會因此變得緊張，聽到風吹草動就驚跳起來。

奇特的地位，可能會使狗變得焦慮不安。

狗可以睡在你的房間嗎？

動物行為學家不建議讓狗睡在主人房間內，因為那是領導者睡覺的地方。不過，在起居室等其他房間不可能遵守這個規則。那麼，狗最好是睡在房間一角，比睡在被視為領導地位的通道或走廊要好。

狗只有在你旁邊才會睡著

有些狗在接觸不到主人時就睡不著。如果你的愛犬也是這樣，應該請教獸醫，因為牠可能有過度依戀的問題。

↻ 不建議讓狗睡在床上，因為那是領導者的位置。

只要狗整晚都睡在自己的墊子上而不會打擾別人，就代表沒有位階上的問題。

但是，並不建議讓狗睡在床上，因為那主要是領導者的位置。如果是小型犬又可以縮在床的一角的話，還是可以考慮一下。

若情形正好相反，狗橫睡在床中間或鑽在毯子裡，你移動牠一下牠還會低吼的話，牠很可能是錯把自己當成領導者了，這時可不能再縱容牠。

狗籃是棲身之處

狗籃對狗而言代表休息的地方，也是棲身之處。狗知道這裡是安全的地方，牠絕對不會受到攻擊。

不要斥責待在狗籃裡的狗

狗群中的領導犬不會去煩擾睡在自己所屬角落的被領導犬。主人也應該尊重狗睡覺的地方，不要擾亂牠；尤其是當牠在籃子裡的時候，絕對不要責罵牠。

如果狗生病了，最好在籃子以外的地方照顧牠。如果你違反這條規則，當狗仍在牠的窩裡時去撫摸、照顧或處罰牠，牠可能會發出低吼聲或咬人。這種被專家稱為激怒攻擊的行為完全是正常反應，這是動物在受迫、受挫或痛苦等情況之下會出現的行為。

如果咬人之後，狗沒將自己當作是領導犬的話，牠會服從、自覺羞愧地找地方躲起來。但如果狗反而對攻擊的人採取高姿態、發出低吼，人們又繼續擾亂牠的話，牠就會再度咬人。

⬇ 狗在籃子裡的時候，不應打擾、責罵牠。

像伯瑞犬之類的大型犬，
得睡在門前負責看守及控
制領域。

控制空間的大型犬

　　大型犬會想要爬上高位階，
所以很自然地，牠們喜歡安身在房
間的中央或走道。像伯瑞犬或紐芬
蘭犬這類犬種只要一躺下，就能輕
易地擋住廁所或衣帽間的門。

　　為了要請擋住路的狗讓開，
有些主人還得向狗說聲：「借
過」，可見狗的權力可以變得多麼
有分量呀！

　　其實，應該由身為飼主的你
掌控空間的使用權。因此，即使
狗好像睡得正香甜，也不要因為
擔心會打擾牠而遲疑；立即表現
出你的不快，要求狗移動一下，
然後將牠帶到牠自己的地方，再
讓牠繼續安穩睡大覺。

狹小空間裡的大型犬

買狗的時候別忘了考慮住
家的空間大小，其實住在
小公寓裡的大型犬很難找
到一處舒服自在的地方。

語言與溝通

你 的愛犬透過你的聲音音調、臉部表情和身體姿勢來了解你的意思。而搖尾巴、豎起耳朵和吠叫都是牠和你及同類溝通的方式。

◐ 兩隻狗之間主要透過身體姿勢溝通。

為了達到團體生活的目的，彼此之間需要溝通能力，也就是傳送和接收訊息的能力。

社會生活中的溝通

溝通是將衝突盡可能降到最低以保持和諧的生存之道。團體中的每一位成員遵守某些生活規則是維持團體的條件。傳達的訊息必須符合三個要件：清楚、可靠、可接受，才能達到良好的溝通。這表示訊息應該要是簡單易懂的，例如，要以快樂又親切的聲調呼叫狗，好讓牠有走過來的欲望（清楚），因為牠知道當你高興的時候，可以放心地靠近你，一切都沒問題（可靠）。如果你和狗之間有無法解決的障礙阻撓，就會產生不可接受的訊息。

溝通的工具

當今世界上有將近八百多種犬類，不只體型變化多端，溝通方式更是各不相屬。

有些狗沒有尾巴，有些狗的長毛遮蓋全身，以致於無法藉由身體的姿勢和表情清楚地表達自己。

沙皮狗和鬆獅犬也同樣有溝通的障礙，因而常被同類攻擊。牠們的小耳朵在頭骨的上方，尾

家有小型犬

如果你的愛犬是小型犬，牠先天就較不具危險性，但要盡快而且經常帶牠和其他狗接觸，以便學會「說狗話」。

你知道嗎？

科卡犬的耳朵：要了解科卡在想什麼並不是那麼容易，而且有時會被牠的反應嚇一跳。牠的耳朵又大又重，所以不容易搖動。耳朵的重量將臉部的皮膚向下牽動，形成這副憂鬱的表情，這就是有名的「科卡眼」。

巴捲曲在背上，四肢天生緊繃，雖非牠們所願，但其姿態確實給人一種領導犬的感覺。再加上臉上的皺皮，總是看起來帶有威嚇感，所以牠們得特別努力改善姿勢，以免看起來像是領導犬。

安全駕駛規則

要知道規則和溝通訊息對團體生活的重要性，只要想像一下交通規則就行了。如果汽車在單行道上不按照左右規矩行駛、不閃方向燈和煞車燈，交通很快就會癱瘓，也很難避免意外事故的

吠叫、高聲長吠或哀鳴吠聲都是狗的溝通語言。

發生。

狗群就像一個小社會，階級規則類似於不同的汽車面對道路安全規則。在狗群中，遵守階級規則或優先權，並且善用社會儀式就可避免意外。

沒有話語的語言

團體中有明確的規範。人類和狗在一萬年前開始共同生活，甚至有人說從十萬年前就開始了！

可是人和狗並非使用相同的語言；人類使用單字和話語，而狗顯然使用其他的方式溝通。人類在溝通時也會無意識地運用身體動作、臉部表情和聲音音調等方式，即手語或非口語。有人估計，一般交談中約有八○％由非口語構成。

狗天生對非口語型式的語言感覺敏銳，更何況牠也沒其他的方法來了解我們的意思。狗不會說話，因此牠得用整個身體的動作來表達意思，包括：耳朵、尾巴的位置還有步伐等。

當然，狗也會發出聲音，以音調高低和強度向我們表達牠的感情狀態和意圖；哀鳴吠聲、吠叫、低吼、啜泣、嗚咽和高聲長吠等都是我們能解讀的聲音。儘管如此，仍然沒有人能真正地解

⬆ 頭和耳朵的位置
以及目光方向都
是一種溝通。

讀這些近似代碼語言的眞意。

　　人並非天生就了解狗的語言，必須透過學習，才能了解一些特定的狗族溝通原則。

　　例如：狗搖尾巴，通常是表示牠很快樂；如果牠發出低吼聲，依據主觀判斷是威嚇性的；如果狗發出細細唉哼的聲音，表示牠想要排泄；當狗舔著你的手，表示很喜歡你撫摸牠。

　　而我們則是藉由幼年時期和狗一起生活的經驗，或是日後從媒體管道接收到的資訊，獲得這些概念。不論如何，主要是要每天和狗朝夕相處才能更了解牠。

　　相對地，狗每天也從主人和家人身上學到一些事情，例如：飼主們的習慣、喜好或是不能容忍的事。這樣隨著時間雙方彼此適應，共同的生活便越來越和睦融洽。

你知道嗎 ?

電子狗語翻譯機：我認為沒有任何設備是真的可以逐字逐句地翻譯出狗所發出的聲音。某些聲音雖然是溝通的訊息，但是它真正的意思仍是得參考前後關聯，以及狗發出的其他溝通訊息，尤其是牠的姿勢。此外，在狗的發展期和一生之中，牠發出的聲音也會隨著主人的反應而變化。

當你用手指向一個物件時，狗並不知道牠該把視線移到你所指之處。但如果做出拋東西的姿勢，手臂的動作會指示出行進的方向。

感覺器官是不可或缺的工具

爲了達到個體之間的訊息交換，必須能正確解讀對方發出的訊息。感覺器官用來接收和分析這些訊息，因此常被利用於溝通行爲。

爲了要更了解狗的器官功能運作，先來說說人吧。

人的聽覺器官可以接收到聲音中音調層次不同的單字和句子；視覺器官則可以捕捉到對話者的肢體語言，並解讀其中的意圖；而身體的香氣和味道在溝通上扮演「動物性」的角色，尤其是在兩個個體相互吸引或分離的

訓練聾犬

人類常常用語言和狗溝通。但對於聾犬，就必須找出其他法寶，例如：做一些動作，如果牠在近處的話，就觸摸牠或是利用光線的遊戲。耳聾的狗可能會變得焦慮不安，其實牠經常會被嚇一跳，可能是因為無法預測在身後有人或另一隻狗，當他們突然出現在眼前時，聾犬便會因此受到驚嚇。

時候。

萬一這些感覺中有一項喪失了功能，其他感覺能力便會隨之加強以彌補障礙。

因此，一隻盲眼的狗自然和同類會有溝通上的障礙。然而，如果失明是漸進式的，牠很快地

↑ 狗與主人可藉由純屬兩者之間的小動作來溝通。例如：當狗把牠的前爪放在主人伸出的手上時，就如同兩個人互相握手一般。

就會適應，並發展出其他觀察環境的方法，牠對雜音、氣味、聲音與空氣的流動等訊息都將會更加敏銳。

最近的一項研究顯示，通常狗失明後攻擊性也會隨之降低。這可解釋為，可能是狗預知環境危險的能力降低，因而變得更謹慎，尤其當盲犬是和別的狗一起生活時，牠可能會覺得自己較為脆弱，而比較不想攻擊。

狗懂得單字的音樂性

對狗而言，所有感覺器官都是溝通的一部分，但是在比例上和人類不完全相同。

狗的聽覺比人類的聽覺發達得多，可以感受到高頻率的聲音，如：超高頻（達八萬赫茲）。

但是狗的聽覺對溝通的貢獻卻少於人類，因為狗只了解極少的單字，而且是一些帶有情緒性的人或物，如：「狗鏈」、「乳酪」或「爸爸」等，皆對應正面的情境。

對狗而言，真正重要的是音調，也就是句子的音樂性。無論句子的意思為何，當說話者用愉悅的語氣說出，就能讓狗產生愉快的期待。

相反地，如果用低沉而嚴肅的口吻對狗說話，等於是向牠表

● 對狗說話及微笑並不是反常的行為，相反地，狗能清楚體會聲音的音調與臉部的表情。

示情況嚴重，最好保持安靜並離遠點。

所以，對狗說話並不是反常的行為。當然，你的愛犬無法了解你的長篇大論，但是聽得懂簡短的句子；像「安靜！」、「走，我們去散步吧！」或是其他簡單、意思明確的用語，狗也完全能夠明白。

很顯然地，同樣的內容以同樣的音調頻繁地重複，能使狗有完整的學習。

二〇〇四年六月有隻狗打破了一項紀錄；德國的研究人員發現，一隻叫做利可的美國邊境牧羊犬可以依唸出的名稱，辨識出二百五十個玩具。

狗應使用一致的訊息碼

狗如果發出一致的溝通訊息，應該很容易了解。

相反地，如果一隻狗同時搖尾巴又齜牙咧嘴地靠近，你就不知道該如何反應了。牠高興嗎？因為搖著尾巴啊，或者牠低吼是因為生氣了？

好在幼犬在社會化時期便跟著母犬學習一切正確的溝通和服從方式。

狗不懂得服從

如果幼犬不懂得在另一隻狗面前表現服從，或是當你發出威嚇的聲音或勉強牠做事時，牠會咬人的話，最好請教動物行為醫師。牠可能沒從母犬那兒學習到服從之道。

⊕ 幼犬在遊戲中練習運用社會儀式，例如：服從的姿勢。

社會儀式

是由一些基本功能組成的行為模式,例如:吃飯或睡覺。這些儀式具有溝通的作用,能避免衝突,是群體團結的要素之一。

領導犬以高高在上的姿態顯示出牠在階級中的地位,只有挑戰者——想要取得寶座的年輕狗兒會企圖和牠對抗。其他的狗為了避免衝突,則採取低姿態,例如:讓領導犬優先享用食物。

幼犬三週大的時候,在母犬的控制下,和兄弟姊妹由玩耍中學習社會化儀式;當牠慢慢長大後則會跟著其他成犬學習,社會化因而得以完整。

如果母犬沒有教幼犬說狗語,牠將會和同類及人類溝通不良。

如何說狗語?

狗的姿勢很容易分析,為了要幫助狗更加了解人的意思,人類可以藉由模仿狗的某些肢體動作,來加強溝通。

當你對狗說單字時,仍然必須用非口語的肢體語言來加強。如果鄰居正好從他的窗口望過來,他應該也能看出你希望狗做什麼。

例如,當你想要表現自己是領導者時,可以站在狗的面前,身體稍微向前傾,皺著眉毛,聲音強硬(但不必大吼),並定睛在牠的背部。

請注意,千萬不可直視狗的眼睛,否則牠會將你的眼神解讀為一種挑戰。有些狗會低下眼睛,但是其他莽撞的狗可能回以攻擊。

基本上,人和狗溝通時言行要是一致的,你的聲音、手勢、姿勢應該「說明」相同的事情。你可以觀察到,當一個人懼怕狗時,有時他的溝通方式就變得含糊不清。

舉例來說,如果他想要給狗一個指令,但是他的手勢遲疑、眼神迴避、聲音顫抖,就可能被狗解讀成一種服從,而產生與先前發出指令的目的相違背的結果,因為狗為了要釐清位階的狀況,可能會因而攻擊人。我想這是怕狗的人經常被攻擊的原因之一。

儀式化行為

有些狗為了吸引主人的注意,而會出現儀式化行為,例如:發出嗚叫聲、吠叫、抬起一隻前腳、舔舐或搔抓主人的身體等動作。

這時主人應對狗的懇求保持無動於衷的態度,牠通常是希望你撫摸牠或是和牠玩耍,你可別輕易「服從」。

狗會提起一隻前腳或是歪著頭以吸引
主人的注意，稱為儀式化行為。

玩耍是平衡的要素

玩耍是無可取代的快樂泉源，也是有效的訓練，母犬藉此教導幼犬與幼犬之間的社會化行為。玩耍也能加強你和可愛伴侶之間的默契。

● 貓和狗可以
玩在一起。

幼犬三週大時自然會出現玩耍的行為，之後隨著不同的經驗而變化、發展或消失。

習慣或訓練的問題，即使野生的狗有機會時仍會出現玩耍的行為。

狗可能一生都愛玩耍

某些專家認為，動物可能會在幼犬階段過後依然持續這種幼稚的行為，因為牠和人類接觸後永遠無法達到應有的成熟，稱之為「幼態持續」。因此，野生的成犬多半不再玩耍。

我認為成熟不是原因，而是

幼態持續

指成熟動物仍保有未成年時的特性，例如：玩耍的行為。

實際上，家中飼養的狗的遊戲行為最好隨著牠的學習和環境而變化，例如：狗可以和同類、嬰孩、貓或兔子玩，也可以玩球、棍子，或和海浪、影子玩。

有些遊戲則非自然發生、互相關聯的，例如：狗會和另一隻狗的玩耍是在訓練中學會的；將球找回來也不是天生就會的行為。

狗當然不懂如何加入遊戲，如果我們丟給牠一個球，牠會看著球拋過去，然後邊看著丟球的人邊搖尾巴。牠知道有好玩的事

發生，但仍站著不動，因爲不知道我們正等待著牠的回應。

幼犬藉由玩耍達成社會化

幼犬在很小的時候就開始會玩耍，正如玩耍是嬰兒發展大腦運動不可或缺的活動。

當三週大的幼犬能用四肢移動時，就會出現玩耍的行爲，你可以看到小狗在兄弟姊妹之間翻滾、含咬、追逐的動作。

母犬應執行分離

幼犬的獨立不是自然發生的，而是由母犬著手推動這個過程。此後幼犬會放膽開始探索周圍的環境，變得愈來愈自主，直到青春期完全獨立爲止。

● 母犬的角色

不過，幼犬在這個年紀無法控制好自己的動作，尤其是下顎。玩耍過程會使狗興奮，牠們激動起來就愈咬力道越重。還好有母犬在一旁留意著，如果玩得過於激烈以致發生打鬥時，牠會適時介入，教牠們平靜地玩、享受長時間玩耍的樂趣。

幼犬也會從玩耍學習控制自己的下顎，因爲當牠們咬得太重時，母犬會發怒，威嚇牠們並將牠們推到一邊。

母犬會幫助幼犬進行所謂控制下顎與自制的練習。像上述母犬的遏阻動作，相當於在幼犬的大腦發出停止訊號，也就是說，如果幼犬的行爲偏離常態時就應該能停止玩耍，例如：疲累時。

幼犬在玩耍中學習運用社會儀式，例如服從。

↑ 幼犬在遊戲中採取特殊的姿勢來扮演領導者或被領導者。

幼犬在遊戲中同時練習運用較年長者的溝通儀式，如：自己四足朝上翻肚皮以表示服從、將別人推得四腳朝天、低吼、威嚇等。

● **和成犬玩耍**

母犬會慢慢地讓幼犬和其他成犬接近並一起玩。成犬對幼犬非常寬容，即便被幼犬輕咬，牠們還是會溫和地和幼犬玩。

最有趣的是，看到習慣低吼的高齡犬任由這些小毛球欺負，好像老爸被孩子的天眞軟化了。

不過，如果幼犬太過分又變得魯莽的話，成犬會低吼著斥責牠。這一記訓誡足以警告幼犬，在必要的時候牠的玩伴可能會更火大。

但是成犬的教訓行為絕對不會令幼犬受傷，因為一隻心理平衡的狗在年輕的同類面前會控制好自己。

隨著幼犬長大，成犬的寬容反而越來越少。青春期的狗應該學會尊重長輩，否則會受到更嚴厲的攻擊。

玩耍——享受擁有伙伴的喜悅

　　遊戲對人類而言可能是單獨的活動，但對狗而言通常意指兩個個體：兩隻狗、狗和飼主、狗和嬰孩，甚至是狗和貓。

　　儘管傳言和身材上的差距，令人誤會貓狗是互不相容的，但其實家中的貓和狗是可以玩在一起的；牠們在互相追逐或翻滾中輕咬對方。如果牠們倆是第一次碰面，只要有一方很年輕，就可能會一同遊戲。

⬆ 彼此熟悉的狗和貓有可能玩在一起。

　　要能玩在一起必須有相似性，也就是說至少在遊戲中說著相同語言並且互相欣賞。

　　一起玩耍代表共同參與開心的活動，玩耍的同時意味著信任的滋長；玩耍也是抵抗焦慮的活動，是行為治療的基礎，使狗不那麼膽怯，也可訓練牠學習控制自己的情緒，一起遊戲的雙方之間最後將形成堅韌的情感關係。

遊戲規則

　　首先必須遵守某些規則才能玩得盡興。為了能遵守遊戲規則，狗得有足夠的自我控制能力，並且在收到停止的訊息時，知道及時停止。因此，最好是在幼犬兩個月大之前，母犬已經把牠充分調教好了。

● **幼犬之間**

　　玩耍時幼犬不應把對方咬得太重，一旦造成另一方哀號就必須立即停止，以免演變成打架。

● **成犬之間**

　　成犬之間，當一方擺出服從的姿勢時，遊戲即應暫停。也就是當一方表現出攻擊意味，而另一方完全停止仰臥不動時。

● **人犬之間**

　　人犬之間的遊戲是正面有益的活動，可以「濫用」也無妨。

　　讓狗學習遊戲規則可以達到適當的行為控制效果。主要透過獎賞，可能是零食、撫摸，或只是玩耍過程中的追逐來完成。

和狗玩耍的時候要遵守兩個規則；首先，別總是由狗先發動遊戲，牠可能會認為只要要求，就會得到你的順從，因而成了領導者；其次，不可讓遊戲變得太劇烈，像是拉扯的遊戲會令狗太過興奮，但是興奮不是愉快，而是失控，可能會導致攻擊。這種遊戲等於是在訓練下顎，你的狗若不是以攻擊為用途，建議別玩此類活動。

拉扯會強化下顎，而且如果有一天發生狗咬人的事件，咬合的力道可能會非常猛烈。

為了避免發生意外，一旦狗咬手會造成疼痛，同時牠會拉扯或用前腳撲打你時，就要立刻停止這種玩法。

學習一起玩

人類不是天生就知道如何和狗玩耍。我們兩腳站立，也少不了一些小幅度的動作，這些姿勢和動作其實與狗要求玩耍時的姿勢有點類似。

狗兒愛玩耍

有些狗在遊戲的時候，可以玩幾個小時似乎都不會累。這些活動使牠像著了魔似的，甚至必須把球藏起來，否則牠整晚睡不著。這可能是過動的訊號，可以請教獸醫。

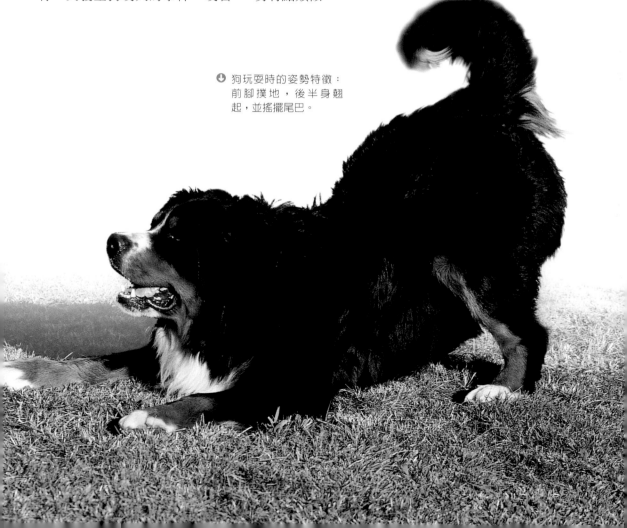

⬇ 狗玩耍時的姿勢特徵：前腳撲地，後半身翹起，並搖擺尾巴。

● 主人學習和幼犬玩耍

和幼犬玩耍最簡單的動作就是，用手輕拍地面要牠蹲下。如果幼犬能做到後腿和尾巴都不動的話，就算是模仿成功。

和狗遊戲時快樂的聲調比尖銳的聲音更適合。

幼犬一旦開始玩耍，要多鼓勵牠，以便加強牠的行為。

當你和成犬，尤其是大型犬玩的時候，要避免形成四肢著地的動作，因為牠可能會將此解讀為服從的姿勢。你最好是站著，俯身向前，兩腿彎曲，兩手輕拍大腿。

● 幼犬學習和主人玩耍

對幼犬而言，牠也需要幾分努力以適應玩耍，例如：去找回一個球或一根小木棍並不是牠的本能，而是必須學習的活動。

首先，練習的用具（如一顆球或一根木棍）最好是能激起幼犬興趣而不是讓牠害怕的東西。在牠鼻子前面搖動玩具，吸引牠想要用嘴咬住，然後將玩具拋向幾公尺遠的地方。

幼犬跑去用嘴咬住時，千萬不要去追牠，你只要維持蹲著的姿勢，愉快地呼叫牠帶回玩具。

如果牠不回來，你站起來轉身，作勢停止遊戲。牠便會跑回來跟隨你，因為牠永遠對新發生的事物有興趣。當牠靠近你時，你可蹲下並且稱讚牠。

如果玩具還在牠口中，將你的手掌朝上好讓牠將玩具放在你手中。你也可以輕拍地面讓牠放下玩具，如果指示三次牠仍不放，你就再次起身停止遊戲。但是如果牠放下玩具，要稱讚牠並且馬上將玩具再丟給牠。

● 和狗玩的時候，命令牠臥下可以當作規則之一。

玩耍使狗更聰明

　　玩耍可以是輕鬆的活動，也可以是加強幼犬領悟力的訓練。你可以發現訓練狗遵從遊戲規則，可幫助年輕的狗建立基礎能力；例如，丟開一個球或木棍要牠拿回來，有益於狗的自制訓練，當然還有下顎的訓練。有些遊戲則能開發狗的集中力、探索和記憶能力；像捉迷藏就可以開發嗅覺、注意力和記憶力。

　　給幼犬嗅聞一個狗食，接著，將它藏在盒子裡並和其他東西放在一起，然後要牠找出來；如果牠順利完成任務，一定要好好地稱讚牠。如果改用一個以前常給牠聞的狗食，遊戲會變得更複雜。

輕拍大腿，快樂地召喚狗來玩耍

　　你也可以作勢丟出一個球，但其實藏在身後，使狗練習更專注。

　　第一次，狗會做出欲接球的姿勢，並且向球可能落地的地方跑去。當牠經過幾秒仍遍尋不著時，將牠喚回並出示還在手中的球，牠應該還會想再玩。後來的幾次，牠會更加注意你的動作，以免再度受騙。

不愛玩耍的狗

　　領導犬不會輕易地加入遊戲活動中。位階越高的狗越會自以為了不起，例如，家中主人呼喚牠一起玩的時候，牠不會過來，因為身為領導犬，不服從主人是合理的。反而是由牠要求主人玩耍，如果主人不答應，牠可能會威嚇甚至咬人，以使主人服從。

　　想當然爾，也是由領導犬主動終止遊戲，而且通常早在主人之前就已經決定了。

　　但是狗不愛玩耍也可能是因為其他原因，可能是狗在青春期時未曾學習過玩耍；而悶悶不樂、焦慮或沮喪的狗也沒有玩耍的欲望。

　　也可能是主人拒絕和狗一起玩耍，因為牠很容易興奮，導致玩耍變得過度激烈。

追逐和翻滾遊戲

兩隻狗一起玩的時候，可以看出兩種遊戲：
- 追逐：兩隻狗輪流你追我跑。
- 翻滾：兩隻狗輪流一上一下地翻滾。

如果發現遊戲變質，也就是其中一隻狗太興奮或害怕到狗毛豎立、低吼或夾尾巴時，都應該暫停遊戲。狗若可以平靜地玩翻滾遊戲就是非常社會化的動物。

你知道嗎？

不該讓狗玩主人的東西：有些狗不管搶到什麼東西都可以玩，使得主人得追趕狗以取回他的東西，但是狗會誤以為這也是遊戲動作。如果不是貴重的東西，建議不要追牠。最好和牠一起玩，但是……得用牠自己的玩具！

撫摸與依戀

依戀行為對狗的正常發展是必要的。而撫摸最主要的目的是聯繫狗與你的情感,因為這會加強你們之間的默契,以達到更好的溝通,所以要多多溫柔地撫摸你的愛犬。

➲ 狗和孩童應該學習互相了解和一起生活。

狗對人類的依戀使牠得到忠實伙伴的好名聲。實際上，狗是社會化動物，本來就應該和其他狗或家庭過著群居的生活。

依戀是需要也是力量

要聯繫團體成員的關係最主要建立在彼此的情感上，也就是依戀，這些或強或弱的關係構成一種有助成長的團結要素。

依戀不只是一種需要，也是一種力量。在所依戀的人身邊可以感到平靜、安心，並且變得堅強。

主人與愛犬之間的情感關係大部分藉由撫摸建立。有人說，主人對愛犬的撫摸或接觸非常重要，因為藉此可傳達很多感覺訊息。

其實，觸摸扮演著重要角色，能帶來感覺或感動，沒有了感動又如何能產生情感關係呢？可惜某些狗並沒有得到很多撫摸，因為飼主認為那是對待專業用犬（賽犬、繁殖犬、工作犬）的技術。

⬆ 工作犬受到的斥責通常過多，而得到的撫摸太少。

你知道嗎？

撫摸就像是獎賞：家人的感情關係因每個人的個性而有不同，撫摸、擁抱和微笑都是鞏固情感的方式。溫柔的撫摸動作對狗而言也是一種獎賞。當牠完成我們要求的事時，撫摸牠並加上一句讚美：「做得真好呀！」對狗是很有效的獎勵。

特別遺憾的是，狗主要藉由撫摸感受主人所傳達的情感。要記得，狗是動物，不是一件物品或工具。

撫摸狗使牠平靜的同時，自己也會獲得安撫

撫摸動物能使其平靜及放鬆，經證實尤其可以降低血壓。其實手掌包含無數的感覺細胞，被刺激的時候會幫助血壓降低。

因此，撫摸愛犬對人狗雙方的抗壓作用可以說是相當的。一些心臟科醫師也建議多多撫摸動物伙伴。

撫摸也可使狗安靜。不需要言語，狗自然會接受到你對牠的

● 撫摸對主人和伙伴都是愉快的來源。

情感，牠們在感受你指掌移動的同時也會放鬆自己，並感到無比愉快。

我鼓勵主人多撫摸愛犬，多製造這種舒適恬靜的感情交流。

然而，撫摸應該是一種喜悅的分享。如果你怕狗的話，就不要勉強自己去撫摸牠，因為牠很快地就會感覺出來；這樣的接觸可能會被狗誤解，甚至會引發牠的攻擊。

如果狗似乎不怎麼友善，你最好保持無所謂的樣子，不要看牠，也不要管牠。這樣可以避免含糊不清的狀況。

依戀母親是生存所必要

幼犬從生命的第二天或第三天開始依戀母犬，這種連繫彼此的特殊關係稱為「初生依戀」。

一九六○年代，著名的生態

依戀費洛蒙（信息素）

許多剛生產完的哺乳動物身上會有明顯的依戀費洛蒙或安撫信息素。母犬、母貓及母豬的兩列乳房之間會分泌出腺體，當幼仔靠近吸吮時，會感覺到這些費洛蒙而得到安撫。市面上也可購得類似的犬用、豬用及馬用安撫素，都具有紓解壓力的功效。

學者和心理學者，如芳斯娃‧杜托（Françoise Dolto）、約翰‧包爾拜（John Bowlby）和哈利‧哈勞（Harry H. F. Harlow）等皆指出，人類和動物依戀母親都是維持生命的行為，比吸吮乳汁更重要。剛出生幾天的幼犬即使有食物吃，如果完全孤立仍會死亡。

依戀是幼犬的精神活動良好發展不可或缺的。母親代表食物與溫暖的來源，尤其是牠的味道與接觸能使幼犬平靜安穩地成長。

當幼犬三週大開始向外探索時，仍會不時地回到母犬身邊以求安心。在此基礎下，牠的一切體驗得以開發，學習能力經由這層情感關係也會達到最佳狀態。

因此，在最初兩個月期間，母犬的角色極為重要，如果這段期間幼犬和母犬分離，可能造成行為困擾。這就是一九九九年一月法國立法規定，幼犬在兩個月大以前不准出售或讓與的原因。

獨立就是當幼犬纏在母犬身邊咬著玩時，母犬漸漸地拒絕牠們。

⬆ 幼犬在成長階段一邊發現身處的環境，一邊模仿母犬的行為，並在牠身旁尋求安心。

獨立由母犬來執行

當幼犬一個月大之後，如果還在母犬身邊咬著玩，母犬會開始拒絕牠們。

剛開始母犬會在幼犬不知不覺中進行這種行為，隨著幼犬一天天長大，動作就會越來越明顯。但是在其他時候，母犬仍然會召喚幼犬靠近，舔舔牠們或陪牠們玩耍。

將幼犬推開又召過來能讓幼犬和母犬分開，但又維持幼犬內心的安全感。

如果母犬不執行這種逐步分離的動作，幼犬會停留在母犬身邊而無法達到成犬的階段。持續太久的初生依戀會導致所謂的分離焦慮。

⬅ 舔下唇是幼犬或被領導犬對領導犬採取的一種行為。

兩個月大的幼犬
會依戀其他個體

如果一切順利，幼犬兩個月大以後便會依戀其他個體。在狗群中生活的幼犬，主要是藉著玩耍，學習認識團體中的每一位成員。

狗通常是在互相咬著玩的時候和其他成員接觸，起初都是很寬容的。漸漸地，狗群中的某隻狗會發展出較為強勢的姿態。

領導犬處於高高在上、不易接近的地位，但是牠的影響力使牠自己感到安心。相反地，那些較年輕的狗或是位階較低的狗會是很好的玩伴，因此可能培養出友情；和同類互相依偎睡在一起，就好像可以讓彼此放心一樣。

訓練幼犬獨處

幼犬應該學習獨處。為了使學習能在最佳狀態下進行，我有以下建議。

• 外出前

首先，你出門時不要因為擔心當狗獨處不知會發生什麼事，而表現出焦慮。出發前，不要注意牠超過十五分鐘。如果牠待在你腿上，就把牠帶到牠睡覺的地方，告訴牠你有點不高興了（還

真有點是這樣！），然後出門，同時輕鬆地丟給牠一句，例如：「要乖哦，等一會兒見。」

• 讓狗多睡一點

對你而言這樣正好落得清靜，這也說明通常狗利用主人不

幼犬兩個月大後可能會依戀母犬以外的個體。

無法獨處的老狗

年老的狗可能忽然表現出過度依戀混合沮喪的情形，通常是在搬家、有家人離去或退休（如獵犬、導盲犬等）後發生。牠變得憂愁又焦慮、不再玩耍、對什麼都沒興趣、吃睡不寧，尤其是會隨時隨地跟著主人，同時發出嗚叫聲。可請教獸醫有效的療法。

好好地撫摸幼犬又怕牠過度依戀。放心，狗可以是非常自主又富有感情的。與自主的狗相反的，則是過度依戀的狗；自主的狗可以獨處好幾個小時既不焦慮也不恐慌。

撫摸不在乎次數多少，重要的是進行方式。你盡可常隨己意招呼愛犬前來，這並不會造成狗過度依戀。如果遵守一些規則，很快就能讓狗變得自主。

如何避免過度依戀

當幼犬要求你撫摸或和牠玩耍時，基於理論，有一派人建議要拒絕狗。我則寧願先讓狗等一下，如果牠還是堅持，再明確地拒絕並告訴牠，牠很煩人。但如果牠乖乖地等了幾秒，即可叫牠過來並撫摸牠一下，或丟一個牠喜歡的玩具給牠。撫摸和玩耍是幼犬正常發展的要素，當幼犬來到主人身邊，如果總是拒絕牠，我覺得不恰當也太粗魯。

邊緣化使幼犬獨立

「邊緣化」是母犬對身邊的幼犬放手的行動。這是位階順序的基礎階段，可使幼犬達到自主並加入階級中。

母犬在幼犬三週大時開始逐步進行邊緣化，直到幼犬青春期為止。

在家庭中，應該由主人在幼犬二至三個月大時進行邊緣化。主要技巧為不回應幼犬的要求，當牠要求關注時，讓牠等待或者拒絕牠。

如果狗還是堅持，你必須維持堅定的態度，而且為了要讓牠知道不行就是不行，甚至可以對牠發發脾氣。

相反地，當狗專注在別的事情上時，也可以毫不考慮地把牠叫過來哄一哄。

另外，即使狗常在你身邊，也不能以此為由而不呼叫牠。在狗逐步獨立的同時，飼主對牠做出規律的要求可以維持狗依戀主人的品質；這樣的態度也非常有利於幼犬建立性格的基本結構，因為牠能夠藉此學習等待和自我控制。

在邊緣化過程中，幼犬會開始獨立並變得更為自主，但終究還是由你採取主動的接觸，正如一位領導者該做的一般。

要常常溫柔地撫摸三個月以下的狗，使牠能順利在人類生活中社會化。

會表現出不同的行為模式。相對於人類女性，公犬會將男人視為另一隻公犬。同樣地，一隻母犬在面對女人時會比面對男人更有階級競爭意識。

兩個雄性或兩個雌性之間只有位階順序。異性之間的關係較同性之間更為複雜，因為同時會受位階順序和互相吸引影響。

● 幼犬不具領導力

如果幼犬生長在階級分明而無法獲得領導特權的環境中，將來牠在群體中就不會成為領導者。因為，領導權不是與生俱來的，而是由相互的關係發展而成。

幼犬不具領導權，實際上領導權和位階順序只與成犬有關，幼犬是還未列入團體位階順序的小角色。

同一胎狗中，可能會有一隻幼犬顯得比其他幼犬活潑或肥壯，但是不等於牠就擁有領導權。只能說如果給牠機會的話，牠可能比牠的兄弟姊妹更有爭取領導權的雄心壯志。

總之，領導權是在團體中和其他成員的互動關係中構成的。

階級不清造成衝突

當家中的狗或貓因為得到充分的領導特權，自以為有權表現領導者之姿，於是和主人發生衝突時，這種狀況稱為「社會適應不良症」（團體適應不良症）。

混亂之源來自主人大部分的時間都會「順從」所飼養的狗，例如：當狗在桌邊要求主人分牠一點小肉塊時，牠會如願得到；牠想要留在沙發上，主人便特許這項優待；如果牠不想被人撫摸，牠會毫不遲疑地發出低吼聲；但是在未經同意下，牠卻會毫不客氣地爬到別人膝蓋上。

不過，人不能總是處處順著狗意，不然豈不是不能外出工作了。一旦主人不能迎合社會適應

⊙ 幼犬不能成為領導者，因為只有成犬列在位階順序裡。

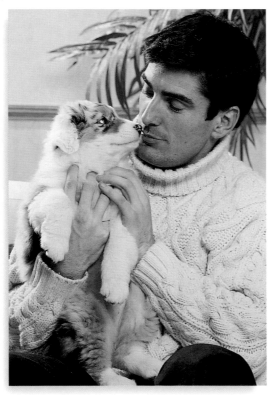

↑ 狗在面對男人、女人或小孩時各有不同的行為表現。

不良的狗的要求時，衝突就會爆發；狗可能會攻擊主人，撒尿留下記號表示抗議，或是獨自在家時將門口四周弄得亂七八糟。

要擺脫這種混亂的情況，首先飼主該做的就是重建狗的位階順序概念，也就是不能順從狗，尤其對狗的任何要求都不要接受，我們稱之為「社會導向退化治療」。

狗與孩童

狗的嗅覺功能非常好，牠能在女主人妊娠初期察覺到家中的「女性領導者」懷了寶寶。因此，

嬰兒的味道。母親應該會以某種方式散發出類似母犬對狗群中其他公犬的訊息：「別碰我的寶寶，否則我會咬人。」

在人和狗身上都會出現這種母性的行為，因為新生兒還很脆弱，母親必須盡力保護並避免一切的攻擊，尤其是可能經由狗毛或狗嘴巴傳播的病菌與寄生蟲。

總而言之，狗將嬰兒視為一個脆弱的小生命。如果強迫狗接近嬰兒，牠甚至會變得不安，因為牠覺得沒有權利這麼做。

嬰兒幾個月大之前，沒有大人的注視下，不可讓狗和嬰兒親吻或擁抱。狗不會因此覺得難過，相反地，對牠來說這是正常的情況。

你知道嗎？

狗不會妒嫉小孩：在狗的觀念裡，競爭只存在於成人之間。青春期以前、十二歲以下的孩童不列入狗的位階順序中。狗認為應該對小孩寬容並且要非常溫柔，以免傷害了他。幼犬分不出明顯的差別，但是牠以後會做得很好。

九個月之後當狗看到新生兒，自然不會感到意外。

● 新生兒出現之前

女主人坐月子期間，不須特別給狗嗅聞嬰兒衣物的味道，因為爸爸的衣服上已經沾滿了小嬰兒的味道。

● 新生兒出現之後

嬰兒出現之後也不須給狗聞

看到孩童，牠很興奮

當狗身處孩童之中，特別容易興奮；牠會擁向他們並且咬著他們玩。有些狗在家裡有新生兒時，會發出輕輕的哀叫聲，並嘗試輕咬小嬰兒的腳，如果狗有這種行為，請向獸醫請教，因為這種行為可能是狗過動或焦慮的表徵。

➲ 如果你讓嬰兒與狗保持距離，狗不會因此忌妒，因為牠了解嬰兒是一個非常脆弱的小生命。

⬆ 幼犬無法分辨孩童、青少年與成人之間的差別，長大時牠會漸漸學會。

狗與青少年

　　孩童變成青少年後，狗就將他視為年輕的成年人，並依據狗和青少年的性別，建立起新的關係。

　　在前述的家庭裡，當帝寶十三歲起，蒂娜便會將他視為年輕的成年人，和他的玩耍也變為互相吸引的遊戲。

　　如果帝寶和蒂娜維持很親密的關係而且和父母對立（就像有些人在這個年齡層會出現的叛逆一樣），蒂娜也可能會和主人夫婦產生衝突。

　　如果公犬和年輕的少女維持親近的關係，也會發生類似上述的情形。

　　反過來說，當狗和青少年的性別相同時，如果青少年不尊重狗的話，狗可能會小小地修理他。如果狗自認為足以當領導者時就特別會發生這些階級的衝突。

搬家後維持好習慣

為了使狗易於適應新環境，搬家後仍要保留牠的日常生活習慣，例如：仍舊讓牠最後進食，十分鐘後一樣要將食盆收起來。為了要明確建立牠的領域範圍，在遠離走道的一間起居室內安放牠的睡毯，如果牠睡在別的地方，將牠帶回此處。最後，常常叫喚牠來玩遊戲、撫摸牠，使牠放輕鬆。

狗心情低落

狗因為一位家庭成員的離開或過世而難過是正常現象。但如果這種情況持續了兩週，請立即請教獸醫。

🔸 狗和貓之間沒有確切的階級關係，每一種情況都很特殊。總之，雙方會慢慢學習認識彼此，而且如果一方較年幼的話，更容易進入情況。

此外，通常公犬或母犬不會在男女主人面前修理年輕的成年人。

家庭變動，一切跟著改變

家庭隨著時間總是會產生變化。因為家中有了新的成年人加入或離開，家庭規模便因此擴大或縮減；有時是孩子們成長為青少年，然後離家在外求學；有時是父親或母親離開家庭，或正好相反，有新的成員來到家中，可能有新的生命誕生；或是祖母過世或祖父仍住在家中；有時則是家裡接納一隻新來的狗或是一條老狗伙伴死去。

狗必須努力適應所有的變化，尤其是有成人離開或加入時，位階順序有時會成為狗的大問題。

通常狗需要大約三週的時間，來找到牠在家庭中新的階級地位，對於年老或焦慮不安的狗，這些變化可能使牠的生活更加困難。

狗與孩童之間沒有位階關係，
主要是情感關係。

權威與伙伴之間

　　飼主該和狗保持什麼樣的關係才好？應該帶有權威使狗服從，或是和牠成為好伙伴？

● 權威或伙伴？

　　有些人喜歡不計代價地要狗服從，認為必須對狗使用幾近軍事化的威權管理；有些人則正好相反，認為對狗的愛應足以讓牠感到幸福，所有的限制都對狗有害。

　　我個人認為，以上兩種立場都太過極端，介於兩者之間的做法，應該是對狗最好的。

　　實際上，聯繫你和愛犬的情感關係，是你們之間的關係基礎。沒有愛就沒有樂趣，更談不上服從。

⬆ 主人的權威直接來自其領導地位。只要意思清楚、堅定地表達，不須大聲喊叫就能使狗服從。

• 必須有階級範圍

然而，為了狗好，飼主必須清楚地讓狗了解階級範圍，並且應在範圍之內設定一些規則。這些限制不會造成狗的痛苦，反而是為狗的幸福著想。

• 方法

如果主人有足夠的威嚴，使狗服從就會變得很簡單。主人的權威自然而然地來自於領導者的地位，只要用一致的方式溝通，表現足夠的堅持即可。

當狗服從時，主人要明白地向牠表示：「這樣很好」，同時面露微笑並撫摸牠。

相反地，當你想禁止牠做某件事時，就得清楚地告訴牠：「不行！」，如果牠堅持，你就更要意志堅定。

這種簡單清楚的態度促使狗對你產生更多的信任，進而讓雙方建立更深刻的伙伴情感。

● 飼主訂下一些生活規則，並能適時地對狗說「不」，其實讓狗非常放心。過度寬容與含糊不清的管教反而可能造成狗焦慮。

● 飼主和狗之間的情感是不可或缺的，能讓雙方愉快相處。

第二章
戶外生活

庭院是特別的領域

庭院是領域的一部分，狗可以在此地玩耍、休息與排泄。如果有人擅自闖入界線，狗基於本能會起而守護。但是無論如何，還是帶狗去公園比較適當，而且牠在那裡也可以遇見其他狗。

有庭院的房子對狗而言是一個十分理想的生活環境。庭院在某些方面代表房屋領域的延伸，某些無法在室內實施的活動可以在庭院中進行。

庭院不足以使狗快活

徑或樹木。最明顯的優點是狗可以在此放鬆，特別是可以排泄。

和公寓比起來，在庭院裡限制少了許多；只要打開大門，就可以讓愛犬自由奔跑，你不必緊盯著牠，牠可以安全地玩耍，公寓顯然不可能如此。

不過，如果你認為狗只要有庭院可以活動就會很快活，而待在公寓就勢必會很痛苦，那你可就錯了。

玩耍所需的空間和草坪

庭院的範圍可大可小，而且必須要有圍籬。庭院裡通常有土地、草坪和花，有時是蔬菜、小

狗在庭院裡可以放輕鬆，聞聞各種氣味以及排泄。

其實，如果狗天天都是整日關在院子裡，最終仍會感到很無聊。爲了身心平衡，狗需要規律地到院子或房子外活動，至少可以和其他的狗有些接觸。

界線分明的領域

通常是以圍欄和大門作爲領域界線。如果界線明確且狗也很清楚，當然就比較容易遵守。

欄杆、圍牆及矮籬能構成具體明顯的障礙，或多或少可以阻擋狗，特別是能在主人心中劃定明確的領域界線。

狗兒溜走

如果你的愛犬常常溜走，可向動物行為專家請教對策。事實上，導致狗偷跑的原因很多，必須對狗的行為做深入分析，才能找出適當的解決之道。

電子裝置

如果庭院沒有圍欄，可以藉由特別的電子裝置來做為領域的界線。很可惜這些裝置通常是以會造成狗痛苦的電子刺激為基礎，當狗超過領域的界線時，給予身體上的處罰。這些裝置對安定的狗相當有效，但如果是敏感的狗就可能非常緊張。在選用前建議先嘗試以獎賞為基礎的傳統訓練方式。

庭院如果沒有封閉，管理上就會比較困難。主人得很努力地找出這條界線，又不能因人或時期而變動，否則狗會搞不清楚。

主人也要在狗越界的時候說「不」，但不是在那之前，也不是在事後。如果狗不知道界線的正確位置，而越線去嗅聞吸引牠的味道時，也不必太訝異。

遵守界線時獎賞牠

如果希望狗學得又快又好，獎賞會比懲罰更有效。爲了使牠學習重視領域的界線，以下的技巧是不二法門；例如：當門打開了，而牠正準備要越界時，一句語氣堅定的「不行！」能阻止牠繼續前進。事後立刻愉快地呼喚牠，並輕拍你的大腿，對牠說：「過來！」一旦牠走過來，要撫摸並稱讚牠。爲了讓牠主動地過來，有時可給牠一個小零食以茲獎賞。

如何避免狗溜走？

狗可能會爲了很多種原因溜走。大部分的狀況是想要離開領域的動機大過留下來的意願。

● 不同的動機

可能是狗不明白領域的界線在哪裡。這種情況下，應該以上述的方式教牠。

也可能是狗自以爲是領域的領導者，認爲自己完全獨立自主。如果牠決定出去看看街尾的拉布拉多犬，牠會毫不遲疑地越過圍牆。一般說來，如果牠決定這麼做，牠會自己回來。

牠也可能在隔壁母犬的熱情吸引下而逃出家門，正所謂：

「慾望和理智各行其道，偶爾本能勝過理性。」

貪吃的狗溜走是為了去餐廳旁邊的垃圾桶挖寶。

如果狗愛玩耍也喜歡小孩子，溜走就可能是為了和他們在廣場的花園會面。

其他狗則可能為了追逐鄰居飼養的家禽或家畜而溜走，或只是為了和外出的主人相見而已。

要當心的是，如果你剛收養一隻溜走的狗，便需要好幾天讓牠和家庭成員培養出互相依戀的感情，並且了解領域的界線位於

如果狗溜走又回來時，別斥責牠

何處。若圍籬不明確或者門通常是敞開的，就別將狗留在無人注意的庭院，牠很可能會跑掉。

● **不要處罰溜走歸來的狗**

即便你很生氣，或是擔心愛犬出車禍而從此無法歸來，當牠回來時，也不要斥責牠。

責罵不會促使牠下一次早點回來，因為牠已經預料到回來時會面臨很難受的場面，反而會在路上拖延。狗會將斥責和回來連結在一起，而不是溜走這件事。

當狗回來而且表示出想要待

● 當狗打算要越過領域的界線時，對牠說聲「不可以」，然後立刻叫牠過來稱讚一番。

在你身邊的意思時，請暫且按捺住憤怒，熱情地稱讚牠。

● 狗想要留下來的動機

促使狗留在家裡的因素是堅固的情感關係。和牠玩耍、充分地撫摸牠；如果牠生活在庭院，從來不進屋裡，請抽出一些時間照顧牠。

通常如果家中有很多狗，狗溜走的可能性比較小，因為組成團體的狗會特別服從領域的規定。

訓練牠尊重園中的蔬菜

可以訓練狗尊重菜圃、花叢或是剛撒種的草坪，就像我們會

禁止狗進入家中某個房間一樣。

● 實施

當狗的爪子踏入禁地時，立即以堅決的口吻說「不」。一旦牠將爪子移開，就要稱讚牠。

但如果狗看到一隻貓在花園裡，牠可能會破壞規定。別太生氣，牠的反應很正常。

有些狗會將院子裡所有的植物挖出，包括花的球莖，或是把自己掛在樹枝上，這是幼犬最常見的行為。

此外，新翻土釋出的氣味也可能刺激狗挖地探尋其他氣味。

● 從事園藝和玩耍有別

另外，你蹲下來從事園藝時的姿勢可能有點像是在召喚狗來玩耍。牠會想像翻土可能是一個新遊戲，然後也跟著一起玩，可別容許這些活動。

你在進行園藝雜務時，應禁止狗接觸植物，每當牠太靠近植物時，要立即出聲遏止牠。

如果你已經盡了一切努力，狗還是把庭院弄得一團亂，而且有過動現象的話，請向獸醫求救吧。

訓練狗在適當的地方排泄

對幼犬而言，庭院生活還有

**狗把庭院弄得
天翻地覆**

因為你的愛犬總是把庭院裡種的天竺葵吃個精光，讓你打消種花的念頭。牠可能是過動狗，請詢問獸醫解決方案。

⊙ 訓練狗尊重植物是可行的。當牠的爪子搭在花盆上時，對牠說「不」，然後叫喚牠，牠過來時要稱讚牠。

新翻動的土釋出很多
氣味吸引著狗。

另一個問題;通常狗在遠離牠睡覺、吃飯和玩耍的地方排泄,因此,牠會選擇在一個可以放鬆心情的角落,避免需要隱藏或在同一地方解決。有些狗甚至會到庭院外排泄,以免弄髒院子。

幼犬的自我控制較差,而且可能忘東忘西。為了幫助牠建立自己的地盤,請陪牠到庭院中你希望牠排泄的地方,如果牠如實照做,要稱讚牠。若你看到牠在別的地方排泄,則要以堅定的口吻說:「不可以!」來斥責牠。

為了固定牠排泄的地方,可將牠的糞便放在院中特定的地方,幼犬便會被氣味吸引過去。

庭院中也有位階規則

庭院是狗的家族領域範圍的一部分,因此位階規則和在屋內完全一樣,同樣有戰略區和休憩區;特別是面向門前大馬路的進出要道,因為是最主要的通道,位居非常重要的階級地位。領導犬安身在此,以便控制。牠會臥

在大門後面或在台階的高處以監
視全局。不過，別忘了主人才是
領導者與領域的所有者，當你從
庭院回來時，狗應該讓出走道。
如果牠聞風不動，不要從牠身上
跨過去，要叫牠離開，並表現出
你對牠這種不尊重的行為感到不
悅。這個階級地位的規則很重
要，狗應該學會尊重。

**體型太小
無法擔任守衛？**

當然不是！所有的狗不論
品種都可擔任守衛，只要
是成犬就行。

⊃ 臥在階梯上的狗占據
　領導者的位置。

狗兒看守領域

不論哪一種品種的狗，成犬基於天性都會看守領域。

幼犬卻會很開心地歡迎所有的人，是個彆腳的守衛者。

狗在青春期之後才能分辨出家庭成員、朋友和陌生人的差別，進而將陌生人視為闖入者。

● 警衛與跟陪

警衛工作是警示闖入者出現，以及在領域界線內密切地跟蹤闖入者並發出吠叫聲，必要時便上前咬人。

一旦超過領域界限，狗便不再尾隨，但會持續吠叫以警告闖入者：「如果膽敢再越雷池一步，我會再來。」

狗總是吠叫不停

有些狗遇到人、自行車、汽車經過圍欄前時，一律吠叫不停。這些狗通常好動不安，而且總是在警戒狀態。這是過度敏感症的特徵（或稱Hypersensibility-hyperactivity, Hs-Ha）。某些非常焦慮的狗也會出現類似行為，請向獸醫請教。

● 主人的角色

正常狀況下，必要時領導者（主人）會在領域內採取攻擊行動，被領導者（狗）只是示警的角色。

總之，當領導者不在領域內的時候，便由代理者取而代之。因此，當狗單獨在院子時，牠便會自視為領導者，也就是在必要時擔任警戒和跟陪的任務。

在庭院也該照樣執行階級規則。

一旦你走出屋外，狗得到通知（或聽到門鈴），便知道有人到了門口。此時你要命令狗安靜並重掌你的形勢控制權。

如果你到大門迎接訪客，牠還不側身讓路的話，不要縱容牠。必要時表現出生氣的樣子，打發牠到自己的地方臥著。

自己人的通關密碼

攻擊行為通常在領域的邊界發生。狗會站在闖入者的面前，然後以高姿態吠叫、威嚇闖入者。

● 主動安撫

如果外來的狗想要融入領域內，牠必須向領域中的狗做出是自己人的識別行為，也就是一種主動安撫、採取低姿態的行為。

闖入狗的頭部、耳朵和尾巴都會放低，不再靠近，等待領域守衛者發出安撫的指示。確定沒問題之後，牠會以迂迴的腳步慢慢前進、發出細微的嗚叫聲，並試著輕咬領域守衛者的下唇，好像幼犬向成犬討食反芻的食物一樣。這些表現是一種溝通的訊號，用以安撫領域守衛者。

● 別向看門狗挑戰

如果闖入者是人，最好也試

著模仿狗的主動安撫動作。首先在原地不動，接著從外圍進入，不要直視狗的眼睛。接下來屈身輕拍大腿，試著以高音哄著狗，好像在吸引牠過來好撫摸牠。總而言之，應避免直接面對狗，尤其不要直視牠的眼睛，這個動作會挑起牠的攻擊。

● 狗的記憶

狗可以認出已經見過的人，並記錄下這些人的走路速度、步伐、聲音還有氣味，並且會和一種特定的情感聯結。如果這個人

曾在他們初識的時候一起玩過，會產生正面的情感，狗很可能在下次見面時會和他玩得很盡興。反之，如果初識的過程不順利，而令狗懼怕此人的話，牠可能會在下一次見面時表現出對此人的

● 雖然所有成犬都有站崗守衛的天性，但某些品種像杜賓狗，比別的狗更有嚇阻作用。

恐懼。在這種情況下，可以邀請此人和狗一起玩耍，使狗放輕鬆並重建信任的氣氛。

● 當狗遇到郵差

傳統的觀念以為狗不喜歡郵差，而且會毫不猶豫地咬牠們！這是一個誤解嗎？有沒有科學根

在主人面前，狗的角色就是警戒。

據？狗害怕郵差的制服嗎？

不可否認，通常郵差都不太受狗的歡迎。這有兩個原因，首先，郵差為了將信放在信箱裡，必須接觸圍籬然後伸手放信，可是狗認為他不該再靠近，因為郵差竟敢侵入牠的地盤；結果狗低吼、吠叫而且毫不客氣地露出牠的牙齒。

一旦郵差將信放在信箱後離去，狗就自覺勝利了，牠得到想要的結果——闖入者遠離。這樣的成功經驗會鼓勵狗每天重演同樣的戲碼。

但如果郵差在狗低吼威嚇下仍不退縮，還跨過屋子的門檻時，狗就會採取行動咬人。

第二個原因則跟郵差帶著帽子有關。有些狗的人類社會化過程不正確，而對戴帽、拿竿子或穿大衣的人有恐懼感，因此，這些東西可能會刺激狗攻擊。

不幸的是，郵差常有和狗不愉快的經驗，而且不少人已經被咬過。有時狗可以感受出他們的憂慮和害怕，而引發更嚴重的攻擊。

為了暫時紓解這個困難，有人建議郵差在口袋裡準備一些小餅乾給那些太激動的狗，這樣無論對於郵差或狗，每天的例行會面都會更愉快些。

無論什麼品種的狗，都有會看守
牠四周地盤的天性。

街道有時令人不安

為了有一段愉快的街頭漫步時光,狗應習慣你用狗鏈牽著牠走路,尤其是遇到其他狗時要保持鎮靜。因此,飼主最好在幼犬三個月大以前,就帶牠到街上散步並且讓牠習慣被狗鏈約束。

🔽 在多數大城市裡,必須用狗鏈牽著狗。

人行道上不斷地有行人、狗兒和奇怪的玩意兒,像購物車和手拉行李箱等通行而過。

當狗走在街上時,牠便是置身於領域之外的地方。牠的行為可能和在家裡時完全不一樣,因為牠還沒有整理出讓自己安心的標記。

城市是奇特叢林

街道是一個絕佳的交會場所,充滿視覺、聽覺、嗅覺等刺激。行人和其他的狗,還有騎單車的人、溜滑板或穿溜冰鞋的人都在此往來。通常這小小世界的一切,盡在人行道上與路旁,或說在狗的眼前發生。

人行道上的通行節奏遠比街道或有車輛行駛的馬路慢得多。車輛從不同的方向快速通過,偶爾停車,有人甚至有狗下車。此外,還有巴士、卡車或摩托車在距離人行道幾公分的地方疾駛而過。

遵守某些規定

由於街道上交通繁忙,狗最好遵守一些規則。在市區,牠要在主人穩定的控制下行動,以免造成意外。

此外,在多數的大都會區,都規定在街上溜狗必須使用狗鏈。因此,建議你讓愛犬習慣於繫上狗鏈走路,最主要的目的就是讓你

在市區溜狗時應以狗鏈牽狗

你知道嗎？

出門去玩：為了讓幼犬習慣上街，建議你在牠三個月大以前帶牠去市區走走。事實上，過了這個年齡，牠很難適應新的事物。雖然在兩次預防注射期間，幼犬會產生抗體抵抗主要的危險疾病，但是幼犬就像嬰兒一樣，免疫系統還很脆弱，因此，應避免讓牠接觸到病犬，也不要讓牠嗅聞街上其他狗的排泄物。

狗害怕外出

如果愛犬在三個月大之前從未出過門，牠第一次踏在人行道上時可能會害怕。別粗魯地勉強牠，你只要在牠面前表現得泰然自若，牠就不會擔心了。只要留在人行道上並不危險，就可以用一個玩具或零食鼓勵牠認識街道這個特殊的地方。如果狗長大後還是害怕外出，請向獸醫請教。

和狗都能愉快地散步。

對狗而言，繫上狗鏈走路並不是天生自然的行為，因此必須加以訓練。幼犬學起來很容易，有時對體型大的成犬只需多一些體力來訓練。

總之，只要剛開始的時候狗能保持平靜，主人有耐心，任何狗都學得會。但是如果狗非常興奮或嚇呆了，就很難訓練了。

狗鏈像一條毛線

繫上狗鏈散步不是運動比賽，而是為了幫助你和愛犬之間保持溝通與訓練默契。

散步時狗鏈連結你和狗，也是緊急狀況時的保護措施，你可以利用狗鏈約束狗或是拉開牠以避免危險發生。

狗鏈的功能是讓狗和你之間保持適當的距離，進而調整狗的腳步，所以一條毛線也足以充當狗鏈。

有點如同馬的韁繩，狗鏈應

用來做為和狗溝通的工具；例如：當你想要靠右走時，如果狗沒弄懂你的意思，就輕拉一下頸圈。

如果狗對路上的某些味道感到好奇且嗅聞過久，或是牠因為認出遠方一隻認識的狗而加快腳步，要輕拉一下鏈子以提醒牠服從命令。

當然，你應該讓狗了解，你會盡量避免這些小小的糾正，只有在緊急狀況之下才會強力拉扯狗鏈。

⬆ 年輕的狗應該學會不可拉扯狗鏈。

先讓狗習慣戴上
項圈，再訓練牠
繫上鏈子走路。

練習外出散步了。

讓幼犬習慣頸圈與狗鏈

要盡早訓練幼犬繫著狗鏈走
路，最好在牠三個月大以前，這樣
以後帶牠外出時就會比較輕鬆。

● 原則

從狗熟悉的地方開始，也就
是在家中或院子裡。首先要讓牠
習慣項圈，讓牠戴上幾小時。等
牠習慣以後，再繫上鏈子，讓牠
以這種散步方式為樂。

多鼓勵牠、和牠玩、說牠做
得很好，使牠將鏈子和項圈與正
面的事物聯想，然後就可以開始

● 簡短而平靜的練習

狗對一項練習的專注力不超
過五分鐘。因此，訓練狗繫著繩
子走路的過程應力求簡短，尤其
是對幼犬的訓練。

練習的重點是只有在繩子放
鬆的時候，狗才能走動，因此牠
能掌握走路的速度，不致於離你
太遠。

請注意，別使用可伸縮的狗
鏈來訓練狗走路，因為每次的長
度不同，狗會難以估計最適當的
距離。

● 練習細節

剛開始，狗應該會安靜地站著或坐著，你也在牠旁邊站著不動。然後開始走路，狗會模仿你而跟著碎步小跑。

當繩子拉緊時，停下腳步叫喚狗，同時拉緊一下繩子，說：「不行！」如果牠硬拉繩子，你就站在原地不動。

當牠停下來，繩子也鬆了，你稱讚狗以後，便可以帶牠繼續前進。如果牠再拉扯繩子，就完整重複前述動作。

這些細節剛開始時有些無聊而且沒什麼進展，但是如果有耐心，狗很快就能學會了。

別讓拉繩子變成反射動作

一旦狗理解訓練的目的，只需幾回牠就會知道，當牠感覺繩子變緊時，應放慢速度。這不需要狗特別地專心，有點像人在學開車時，起先幾個鐘頭非常疲累，因為同時要兼顧許多事（後視鏡、煞車板、速度……），但是

狗拉扯鏈子

狗不聽話，不停地拉扯狗鏈或是突然變換方向嗎？這種行為的原因很多，領導犬、恐懼或過動的狗通常難以被牽著散步。如果訓練不易，請向獸醫請教。

↑ 一開始就把狗控制好，否則將來你們散步時可能被牠一路拉著跑。

很快地這些動作就變成機械化反應，不需要太多的專注。

當然你必須偶爾提醒狗遵守規矩、別忘了自我控制，尤其是在剛開始散步時，要先將一切規矩搞定。通常狗都愛外出，牠會高興地又跳又叫，有時還會抓住繩子，最好在出門前使牠平靜下來，否則牠可能會靠近第一個碰到的人或狗並且吠叫。

狗繫了鏈子後表現大不同

繫著鏈子的狗即使沒什麼動作，牠的反應通常會有很大的改變。

在很多情況下，狗的行為會因為是否繫著狗鏈而不同，例如：當感到害怕時，狗可能會躲起來、逃跑，或是正好相反，牠會起而攻擊；可是如果繫著鏈子就無處可逃，只有兩種解決方法——躲在主人的腿後面或是主動攻擊以自保。

但是，狗的行為也可能因牽繩的人而異。完全無法接受由女主人牽著外出散步的狗，卻可能在和男主人外出時是最佳的服從榜樣，反之亦然。

行為的差異來自帶狗散步的人的個性、對牠表現的權威感以及性別。

通常由男性牽公犬、女性牽

母犬比較不會令狗出現自誇愛現的行為，這不是性別歧視而是位階問題。

人行道是狹窄的相遇場所

想必你也發現，兩隻狗在人行道上相遇真不容易。通常沒有很大的空間，必須擠來擠去，而且還得受到狗鏈的束縛，溝通也被擾亂。

實際上，兩隻沒有繫鏈子的狗互相接近的方式，會因牠們感受到的是吸引力或是恐懼感而有所不同。

但在人行道上時，狗可能無法如願地避開或接近對方，可以玩的遊戲也很有限，有時狗鏈糾纏在一起，馬路的狀況也使牠們無法盡情追逐。

感受到恐懼或挫折感的動物不那麼容易管理，你可以看到有些狗後腿蹲下，扯著鏈子激動地狂吠。

有些狗則正好相反，牠們想

狗對人吠叫

當別人看著你的狗時，牠是否會吠叫並拉扯狗鏈？牠可能是焦慮或恐懼，吠叫是為要嚇退使牠害怕的人。請向獸醫請教，因為這種行為可能會隨著時間而日益嚴重。

過度頻繁地做記號

狗撒尿做記號是正常行為，但是如果這種舉止對你們的散步造成干擾，就該正視這個問題。如果狗每隔二公尺就抬腿撒尿，便是牠自以為身處高位階，而且想要讓那區所有的狗都知道。在家裡牠當然也會擺出一副唯我獨尊的樣子，所以必須糾正牠領導者的特權觀念，讓牠清楚地是被領導者，行為必須有所節制。

要避開同類，企圖躲在主人的身後。無路可退的時候，牠會發出低吼保護自己。我的印象中，幼犬遇到其他繫鏈子的狗，尤其是身材比牠壯碩的狗時，會特別愛吠叫。這有兩種原因，一是小型犬繫著鏈子出現在人行道上時，顯然比大型犬弱小。行人的鞋子、推車的輪子和汽車的消音器都是潛在的危險，小型犬因而常常必須保護自己，一旦感覺受到威脅時，立刻會有攻擊的傾向。一是小型犬的主人為了避免衝突，會將對著大型犬吠

狗不排泄

當狗在路上太緊張，無法充分放輕鬆時，可能會有不排泄的狀況。也可能是沿路所見讓牠太興奮，以致忘了要排泄。無論何種原因，你務必要有耐心，等牠排泄完畢後，別忘了稱讚、鼓勵牠。

當狗繫著鏈子時，得到主人允許後才可靠近其他狗

的小狗從地上抱起放在懷中。結果造成小型犬認為自己無論如何都會受到保護。牠可能因此在吠叫的大型犬面前洋洋得意，因為在主人的保護下，一切沒事。

是否同意狗兒們接觸

為了和其他狗或人的相遇能順利進行，應該向愛犬不斷灌輸另一項規定——繫著鏈子時，只有在你的允許下才可以接近其他的狗或人。在未得到你的同意之前，狗可能會看著對方，但是別讓牠扯著鏈子跑向對方。

● 狗兒們相遇

遇到另一隻狗的時候，如果對方的主人和你一樣，也不讓他的狗朝你的狗走來，這種相遇很容易管理，情況會像是狗兒們互相打招呼，但還沒開始交談。

如果情形相反，對方主人讓狗跑過來，此時你有三個可能的選擇，一是讓兩隻狗互相認識，嗅聞對方；二是別停下來，繼續散步，當作沒看到另一隻狗；最後是命令你的愛犬保持鎮定。

可以想像得到，狗兒之間的溝通過程會因牠們是否被繫著鏈子而改變，但是如果牠們都相安無

如果兩隻狗相安無事，就讓牠們互相認識認識吧！

你知道嗎？

在大城市裡必須注意流浪狗的行為：流浪狗因為和狗群處久了，已經非常社會化。牠們絕少被鏈住，但即便如此，也不會拉扯狗鏈。被認養的流浪狗能自在地跟著主人漫步，通常非常順服。主人與狗長久相處在一起，彼此相知甚深。由於牠們的領域廣泛又常變動，聯繫彼此的依戀情感自然非常堅固。

事，可以讓牠們玩一玩，不會有太多問題的。

● 人與狗相遇

帶狗外出的時候總是會遇到許多人，狗那可愛的臉、滑順的毛，都會吸引來一堆人靠過來想要摸摸牠。

尤其是孩童通常喜歡靠近來撫摸這個玩伴，有些狗樂得接受別人對牠的好感，開心地回應這些意外的撫摸。

相反地，有些狗因為不想被撫摸，卻又被鏈子繫著避免不了，反而會發出低吼聲。如果摸的人沒弄懂狗的警示，繼續摸狗的話，狗可能會咬上一口，以更明確地表達牠的意思。如果你的狗不喜歡被陌生人撫摸，你最好預先告知對方，以免發生意外。

通常小型犬害怕身材比牠大很多的狗，但因為繫著狗鏈又無處可逃，只好找身旁的主人尋求庇護。

訓練狗不繫鏈子散步

你可以用很多方法訓練狗步行，但是最重要的是需要信任和默契才能成功。

其實，狗如果發現和主人步行的好處，牠自然會配合主人的腳步。主人的撫摸和友善的話語都有助於建立彼此的默契和親密的情感關係。

訓練狗的學校所教導的步行原則非常有趣，因為其中運用了很有效率的手勢和觸覺溝通，你可以參考使用。

例如：主人步行時，左手維持在大腿的高度；狗如果身高夠的話，應該走在稍微後方，臉在主人的手和大腿之間。主人和狗的溝通主要在這隻左手；當狗的臉湊近手掌時，能受到主人的撫摸也聞得到主人的味道，而得到安撫。

如果狗跑遠了，主人可以彈彈手指頭發出聲音，或是輕拍大腿喚牠歸隊。當然，你也可以用右手做同樣的練習，效果一樣好。

另外，對狗說說話，例如：「過來！嗯，很好，狗狗好乖」，或是：「嘿，一起走吧？」同樣可使你和狗之間確立一致又持續的溝通，進而能默契十足地一起散步。

↓ 走路的時候，狗會將臉湊到主人的手掌裡以得到安撫。

公園或鄉下

帶 狗去公園或鄉下走走可使牠放鬆，牠也可以遇到其他的狗，並且在寬闊的空間裡玩耍。你務必要趁此機會訓練牠聽令回到主人身邊的能力，並且最好在牠兩個月大時就開始。

不論你是住在公寓或家裡有院子，都要帶你的愛犬到公園放鬆一下，那是牠運動或遇到其他狗的絕佳機會，這對狗的身體和精神狀態都很重要。如果符合公園規定的話，狗可以在公園奔跑和玩耍；若附近又沒有公路，主人也可以輕鬆無慮地看著狗在草坪上追跑跳躍。

不過，因為還有其他的動物、自行車和慢跑者在公園裡，讓狗學會聽命令回到主人身邊是很重要的事。

狗追逐慢跑者

如果你的愛犬會追逐慢跑者，得重複訓練牠聽到呼喚時回到你身邊。若你每天帶狗到固定的地方散步，牠可能會以為那裡也是牠的地盤，進而趕走闖入者。總之，如果牠害怕陌生人，可能會從牠的遊戲地盤趕走慢跑者，因為他們讓牠感到不安。

幼犬召回練習

盡可能在初次外出就進行這個練習。別忘了，幼犬就像小孩子一樣具有極大的學習能力，你可以融合許多技巧來進行召回訓練。

初次外出就訓練召回狗

不過無論如何，避免才剛鬆開狗鏈就立即召回幼犬，留些時間讓牠發現自己身在何處。

● 練習細節

幾分鐘以後，確定牠已有足夠時間聞出自己位處草坪的某個角落，就可輕拍你的大腿，溫柔地召回牠。如果牠沒有立刻回來，你可以挖挖土地，好像發現什麼有趣、值得一聞的東西一樣。牠回到你身邊以後，要稱讚、撫摸牠，最後給牠一個零食以茲獎勵。

如果牠還想離開，最好不要拉住牠，牠可能會因此覺得被設計了，下一次召回牠時，牠反而會猶豫著要不要前來。

● 訓練牠注意主人

如果幼犬沒有立即回來，你

可以試著躲起來。當牠發覺你不見了，便會開始找你。如果沒有馬上找到你，牠將開始不安，這時你再出現。當牠再度看到你，放心之下奔向你時，這時你只須讓牠安心。

下一次牠被解開以後，會注意你在的位置，而且會就近注意你的行蹤，以免再度落單。

成犬召回訓練

如果要訓練召回成犬，可以運用前述的方法，但是為了避免牠跑掉，最好使用狗繩。可選用

長度較長、非金屬製的繩帶，以讓狗放鬆不致於感覺受到束縛。當你召回牠，而牠似乎沒聽見時，用力拉一下繩子給牠一個警告。牠回頭時，再一次召牠回來同時表現出吸引牠的動作——輕拍大腿，邀牠來玩耍，也可秀出牠喜歡的玩具或是給牠一個零食。

牠回來以後要快樂地稱讚牠，不是為了要抓住牠，這樣做的目的是讓牠對回來有十足的信任，在你召回牠時也不致令牠感到恐懼。耐心再加上一些小小的堅持，你會在練習幾次後見到令人滿意的成果。

狗就是想溜走

雖然在你幾番努力下，狗在鬆了鏈子後依舊習慣性地溜走，而且任你怎麼喚也喚不回。請向獸醫諮詢，狗可能是過動或膽怯。

● 狗鬆了鏈子之後，可以完全自由地追跑跳躍。

以嗅聞探索

當狗一到新的地方，就會用鼻子貼著地面猛聞，想要知道在牠沒來之前所發生的一切事情，例如：牠注意到在兔子的氣味之下，有新的母犬腳印。但我們卻無法判斷出這些珍貴訊息。

⬆ 在公園裡，幼犬鬆了狗鏈以後，會不時回到主人身邊以求安心，然後再繼續探索，我們稱之為「星狀探索」（如褐色箭頭所示）。漸漸長大後，狗更有自主性，會很自然地離主人遠一點，不需要常常回到主人身邊（如橘色箭頭所示）。

你知道嗎？

異常發達的嗅覺：有些品種的狗具有比其他狗擁有更精確的嗅覺，尤其是獵犬，例如：臘腸犬擅長追捕，牠同時也是很棒的塊菰搜尋犬。相反的，大丹狗的嗅覺似乎不怎麼發達。但是無論品種為何，狗的嗅覺能力通常都比人類靈敏許多，經過特殊訓練後，更可增進其表現。

● 異常發達的嗅覺

人類如果想要理解狗對周遭世界的感受如何，可以想像每次手觸摸到一件物體的時候，都會留下持續幾小時的氣味印記。

皮鞋的鞋底也聚集有各種嗅覺痕跡，氣味也會藉由人的行走傳播到各處。其他經過的狗隻也會這樣留下腳印。

● 探索方法

成犬和幼犬探索的方法不盡相同。

當幼犬到了公園，牠會發現許多新奇事物，有些可能令牠不安。牠時常必須回到主人身邊重新覺得放心之後，才會繼續探尋。

這種狗的特殊探索行為，特徵是狗會先離開主人一段距離去觀察和嗅聞一個新的地方，沒多久就會回到主人身邊尋求鼓勵之後，再繼續摸索，稱之為「星狀探索」。

狗長大之後，會變得更為自主，不再需要常常回到主人身邊尋求安心。

無論如何，如果你的愛犬在鬆了狗鏈後，依然對你寸步不離，而且總是黏在你的兩腿之間以求慰藉的話，牠可能有過度依戀的問題。如果你覺得這種困擾另有原因，請向獸醫請教。

抬腿撒尿，留下名片

狗利用留下嗅覺記號的方式溝通，我們稱之為做記號。

● 尿記號

當狗抬腿撒尿的時候，我們稱之為做尿記號。不論是公犬或母犬，都只有在青春期之後才會做這樣的記號。

狗留下的氣味相當於一種名片，標示出牠的性別、生理狀態，也就是年齡以及是否正在發情（如果是母犬的話），還有牠的位階。

狗做尿記號時，如果腿抬得越高，越是自以為領導者。而當一隻狗看到另一隻狗正抬起腿來，牠會快速地靠近並嗅聞留下的尿味，接著也會在上面留下記號。有時狗撒完尿後會用後腿扒

● 狗做尿記號時，腿抬得越高，越自以為是領導者。

土，便於留下肉墊間的腺體分泌的氣味，這也是記號的一種。

● 糞便記號

有些狗太自認為是領導者，還會留下糞便記號──將糞便排洩在明顯可見的地方，好讓同類

● 狗的鼻子緊貼著地，以從同類或其他動物留下的氣味中收集資訊。

來聞。

我們在走道中央、牆邊、樹下，甚至像石階邊緣等高處，都可以發現糞便記號。

實際上，狗的肛門下方有肛門腺，也有做記號的功能。當狗害怕時，腺體排出的氣味會特別惡臭難聞，這種惡臭來自於警告費洛蒙（信息素）。

你知道嗎？

小棍子和球：通常公園的環境條件允許狗做長距離的遊戲。你可遠遠拋出一個球或小棍子讓狗去找回來，製造牠消耗體力和鍛鍊肌肉的機會。這也是做召回練習的方法；為了要繼續玩下去，狗得將玩具找回來。叫狗放下或交出棍子是一種訓練牠自我控制的有趣方式。

狗兒們自由地相遇

公園是狗相遇的理想之處。當牠們鬆開鏈子以後，可以自由地接近或避開同類。無論如何都不能勉強牠們，幾乎什麼事也都可能發生！

然而，兩隻狗要互相接近，必須彼此都已社會化，也就是知道如何正確地溝通。而兩隻狗的溝通主要根據視覺和嗅覺的訊息。

● 初步接觸

接近同類之前，狗會先觀察對方的姿勢，評估是否應謹慎地上前接觸。如果一切順利，牠會湊上前去聞對方的肛門，直接認識對方。

如此一來，狗能更精確地知道自己正和誰打交道，對方是否在青春期？是公犬還是母犬？如果是母犬的話，是否處於發情期？是否已經懷孕？狗也可從氣味知道對方是否自視為領導者。

● 召喚玩耍的姿勢

如果經過第一次接觸，兩隻狗決定花點時間相處，通常會由玩遊戲表現出來。

狗召喚另一隻狗的姿勢非常特殊——前身趴下，尾部抬高，尾巴搖動，前爪拍地，發出尖叫

● 兩隻狗面對面的時候可能是想一起玩,或正好相反是起了衝突,牠們的姿勢是決定性的因素。

聲強調牠的邀請。

如果對方不想玩,會移開視線,去聞別的地方。如果對方同意一起遊戲,也會採取同樣的姿勢。

狗之間的遊戲通常由短距離的你追我跑開始,然後變成翻滾遊戲。這個活動對兩隻動物而言,都是愉快的,牠們會練習採取不同的姿勢,玩領導或被領導

● 狗互相嗅聞可以使牠們更認識彼此,尤其可以更正確地判斷雙方的位階。

的遊戲。

● 衝突

不過,相遇也可能是衝突的開端。

有些狗對所有的同類都會迫不及待地衝上去,牠們未必是想打架,通常只是想一起遊戲罷了,但是其他的狗卻感覺受到攻擊,所以就以牙還牙。

如果你的狗伙伴是這種情況的話,便得訓練牠控制精力,否則可能會引起激烈的打鬥,而狗在害怕的時候,咬的力道通常更重。

別讓放鬆休息成了失控的開始。另外,給狗解開鏈子以前,得確認牠很平靜;先叫牠坐下,解開狗鏈,然後放心地告訴牠:「去玩吧!」

狗不斷惹來攻擊

你的愛犬沒招惹其他的狗,卻總是不斷地被攻擊?帶狗去給獸醫檢查一下,因為如果肛門腺受到感染,分泌改變,而成為牠與其他狗之間溝通問題的來源,因而演變成打架。

狗的姿勢顯示牠們自己的感覺，例如：是領導者或被領導者，是膽怯或自信。

社會儀式

由基本功能，如吃飯、睡覺等所組成的行為。社會儀式具有溝通的作用，能避免衝突，促進群體團結。幼犬在兩個月大以前屬於社會化階段，會跟著母犬學習這些儀式。

身體的姿勢

狗的姿勢顯示牠的意圖和情緒狀態，例如，牠自覺為領導者或被領導者，是否害怕。身體的姿勢是社會儀式的基礎。

狗的身體姿勢顯示牠的位階

狗可能採取四種的姿勢：領導犬的高姿態、被領導犬的低姿態、遊戲姿勢、中性姿勢。很明顯地，如果狗低吼威嚇，翹起下唇時，你最好閃開。

狗從來不服從

你的愛犬在面對同類時，是否從來不曾肚皮向上躺下？也從沒看過牠和同類玩翻滾遊戲？這有兩種解釋；一是牠在所有的狗面前自認為是領導者（牠在家裡也可能是如此），另一是牠缺乏社會化的過程或太興奮，不懂服從之道。

無論如何，兩隻狗互相接近時要審慎小心，以讓雙方都有時間分析對方發出的訊息，必要時調整自己的行為。

● 耳朵與頭的姿勢以及視線

耳朵和頭的姿勢，以及視線的方向都提供了珍貴的資訊。

如果耳朵向前豎起，代表狗很有自信而且可能是領導犬，但也可能是好奇的表示。相反地，如果耳朵向後貼，則表示膽怯或是居於被領導犬的地位。

頭部的姿勢同樣深具意義，頭抬高表示掌控形勢，頭低下表示服從或懼怕。

目光直視是明顯的自信特徵。被領導犬的目光閃躲、不敢直

兩隻狗可能正共享一個玩具而樂在其中。既使這看起來像是小小的爭奪比賽，但也要注意，別讓遊戲引發打鬥。

服從姿勢具有阻止對手攻擊的作用，為了讓對方清楚、有效地了解，狗會肚皮朝上躺著、靜止不動。

視同類，因為牠知道直視會被解讀為挑戰，而牠卻正好不想打鬥。

● 尾巴的姿勢

尾巴也是狗的情緒和意念指標。狗熱烈地搖動尾巴表示心情愉快。如果尾巴下垂拍打，表示狗以被領導犬自居，當一隻狗接近同類的領導者時，這種舉止特別顯著；這明顯地表示出牠不想打鬥，而且準備投降，這個儀式稱之為「主動安撫」。當狗因為主人回家而感到開心時，也會採取相同的行為。

相反地，當一隻領導犬接近另一隻狗，想要玩耍時，或接近一隻發情的狗時，尾巴會擡得特別高並且搖擺。

● 步驟

狗的身體動作與牠的意圖必須一致，才能讓對方明白。

例如，當狗表現低姿態時，頭會低下，耳朵向後貼，尾巴下垂，四肢彎曲，這些舉動是恐懼或服從的狀態，狗的態度謹慎而猶豫。

四肢彎曲也是狗表示謹慎、懼怕或服從時會出現的姿勢。相反地，當狗四肢緊繃，則是領導犬的姿勢。

走路的路線也各有不同；被領導犬比較拐彎抹角，領導犬卻是規律且保持直線地慢慢走。膽小的狗更會想辦法躲避或逃走，牠可能會繞一個大圈以免太靠近所懼怕的對象。

97

狗兒搭車

為了安全和位階的理由，應避免讓你的愛犬坐在座位上、人的膝上或後車窗的平台上。最好在狗三個月大以前便讓牠習慣坐車。

如果你的愛犬是大型犬，而你的後車廂空間足夠的話，讓牠坐在那裡一起去旅行吧！牠會有更多的空間可以躺臥，比在車地板上或夾在座位間要好得多。

對狗而言，汽車是奇特的機器，有時候類似滾動飛快的大口瓶子。

汽車是狹窄又掃興的地方

還沒習慣坐車的成犬第一次乘車旅行的時候可能會很恐懼。幾英尺寬的狹窄空間內，僅夠狗兒容身。柔軟的座椅幾乎占據了整個空間，而且通常都是主人們坐著。加上四周都有門，為防止狗逃跑，車窗玻璃都會拉上，牠只能透過車窗的玻璃，看著風景從眼前閃過。

對人類而言，看風景可能是件賞心悅目的事，但是對狗又是如何呢？

在城市裡，汽車加速前進、減速、右轉或左轉，對於這些狀況，狗都會當成是隨性、毫無節制的事。牠既不能影響行車的速度，更不能改變行程。在這種情況下，領導犬會特別感到沮喪，因為牠會一直想要掌握主導權。因此，狗在車上時得先習慣看著人們和

> 領導犬在車裡會感到特別沮喪，因為牠什麼都無法控制

狗認識路

就在快到家之前，狗發出低吟聲並搖動尾巴，牠似乎認得路？在許多案例中，我認為狗能辨識「風景的氣味」，到鄉下的路上也是一樣，沿途的油菜田、鋸木場的木屑味……等，不同於所居住城市的氣味一個個持續著。

● 將狗獨自留在車內時，牠可能會認為自己應該看守這個小小的領域，並防止任何入侵。

其他的狗,明白自己完全束手無策。

在國道或高速公路上,狗較容易安靜,因為車速規律而且風景快速移動。

⬆ 每兩個小時休息一下,讓狗可以喝水、小便、放鬆一下。

長途車程

長途旅行的時候,即便狗在旅程中狗似乎都在睡覺,最好還是讓牠和人一樣每兩小時休息一下,好讓牠可以小便、喝水。別忘了,無論車裡是否有空調,狗在夏天裡都很容易脫水。

如果天氣太熱,而車裡又沒有空調設備時,用一條濕毛巾濕潤狗的頭部和前胸。這可以使牠頭部清涼,狗的大腦和人類一樣,溫度超過四十度以上就不靈光了,因此應避免可能致命的中暑。

臉部扁平的狗(像鬥牛犬)容易有呼吸方面的困擾;幼犬、高齡犬、有呼吸困難及心臟病的狗等,在過熱情況下會更加脆弱。

儘早讓狗習慣坐車

還記得幼犬在三個月大之前有超強的適應力及學習能力吧?因此,應該在此之前讓幼犬習慣坐車旅行。

● 預防措施

為了讓狗喜歡汽車,可以用零食或牠最愛的玩具來激勵牠。如果先做一些預防措施,通常第一次旅行會在理想的情況下順利進行。

應採取簡短(在兩小時以內)而不緊張的行程,例如:避免假期、盛夏時在無空調設備下出遊。出發前也不要餵食,以免狗嘔吐。

● 特殊狀況——出發到飼主家

當你從飼養場或寵物店帶回剛購買的幼犬,便是讓狗習慣坐

車的最佳時機。

　　結伴一起去載狗比較理想。你的新伙伴剛和母親及同一胎的其他狗分離，牠可能有點迷失。如果你發現牠在上車的時候會害怕，可將牠放在膝上撫摸、鼓勵牠，並請開車的人平穩地駕駛。

　　如果第一次的經驗還不錯，以後其他的旅行也將能順利進行，而不再需要將牠抱在懷裡。

有規則的迷你領域

　　在車裡，每個人都有被賦予

單獨帶狗駕車

帶狗單獨駕車時，有時比較難以使狗乖乖聽話，尤其是牠騷動不安的時候。在這種情況下，建議利用安全帶將牠拴在後座上或是安置在後車廂。有一種安全帶可以固定狗，讓狗能安穩地待在座位上，尤其是撞擊時不致被拋出。也可以利用運送用的籠子。總之，如果狗不能安靜下來，可能是牠很焦慮，這時你必須請教獸醫。

的地位，狗也和其他人一樣。由於車內空間狹窄，為了讓大家都有一個愉快的旅程，最好訂下一些規則。首先，要依據狗的體型和車型大小，決定狗躺臥的地方。

⬆ 為了安全的理由，駕駛不應將狗放在膝上，而且高處與在駕駛盤後方都是領導者的位置。

● 為狗找個舒適的地方

你應該為狗找一個符合基本安全規則的舒適地方，好讓牠在旅程中安然留在位子上；例如，為了避免意外，駕駛途中勿將狗放在膝上，也因為方向盤後方是領導者的位置。

⬆ 最好訓練狗不可爬上座椅。

另外，應避免將狗安置在後座背板台上，因為高處也是領導者的位置，而且遇到緊急煞車時，牠可能成了道地的拋射犬，被彈出去。

● 讓牠臥在車地板上

基於位階和安全上的理由，最好讓狗臥在車地板上，那裡不是領導者的位置，而且狗也不會受到風景一直變動的影響。再加上牠的鼻子靠近主人的鞋子，熟悉的味道會讓牠安心。

如果車子的後車廂夠寬敞，或許可以讓狗臥在這裡。放一個睡墊或睡籃，讓牠的位置更明確。

為了安全起見，最好讓牠臥著，否則放一個隔離網。事實上，驟然煞車時，狗可能從座椅上方飛過來。

可以讓牠臥在運送籃，例如像Varikennel塑膠製的透氣提籃，或是籠子裡。

如此一來，狗有牠自己的地方，就不會打擾駕駛。雖然這樣做可能不太美觀，但有時卻是最好的解決方法。此外，飼主也都是用這種方式運送犬隻參加展覽。

● 讓狗聽命令上、下車

為了保護愛犬及避免意外，最好讓狗學會聽從命令上車及下車。不過這會和位階的邏輯相違背，因為依據位階順序，通過家門時，狗應走在主人之後。請記得，別讓狗搶在你前面先通過，否則牠可能以為你把牠當領導者了。

但是坐車時通常必須先讓狗上車，在這種情況下，命令牠先上車。因為由你採取主動比較符合領導者的身分。

下車時，也同樣應由你發號施令，在你確認安全無虞時，牠才能下車出去。

有些狗酷愛坐車，
有些並非如此

有些狗超愛坐車，尤其是因為車子可以載牠到喜歡的地方去遛一遛，像公園、森林或鄉下的房子等。

為了安全起見，必須訓練狗聽命令下車

車子對某些狗而言，也代表舒服甚至是有安全感的地方，因為車內的座椅柔軟舒適，尤其是上面帶有主人的味道，有安撫狗的作用。

我曾遇到一些狗因為屋裡太吵，為了圖個清靜而跑到車庫的車子裡避難的事。

有些狗無論什麼車子，只要門是開著的就跳上車。有時這是在鄉下的煩惱；當在鄉間小路遇見狗在路邊蹓躂時，有些駕駛會誤以為狗是走失了，而停下車打開門了解情況，但突然間狗卻跳上車了，只因為牠喜歡坐車兜兜風！

有些狗則正好相反，牠們害怕坐車，因為車子代表不愉快的事情。上車對牠們而言，可能等於去動物醫院——那個充滿恐怖的地方，牠們曾經在那兒被擺布得不能動彈，或者曾經挨了幾針而感到疼痛。

⬆ 如果你必須暫時讓狗獨自留在車內，應讓一面窗戶保持半開以使空氣流通。

通常飼養在有院子的家庭的狗，只有在特殊的情況下才會出門，因此坐車會令牠們聯想到不愉快的事件。只要多開車載牠去散步或到公園玩玩，這樣對狗來說，搭車就會變成令人開心的事情了。

容易暈車

有些狗像人一樣容易暈車。只要幾分鐘的車程，牠們就會大量分泌唾液和嘔吐。如果你的愛犬有這種狀況，請獸醫開具在路上防止嘔吐的處方，以紓解不適

● 有些焦慮的狗獨自留在車內時，會開始咬方向盤、變速桿或座椅。

症狀，更可減緩狗害怕自己是因為生病而必須搭車去看醫生的壓力。

其他如：在車上時會焦慮、發出低聲嗚咽、抓玻璃、只要車子減速或閃方向燈就喘氣等情形，可能會發生在不安的狗身上；當牠們遇到陌生的情境，通常會極度沒有耐性而且非常緊張。

但即使狗很焦慮，一旦牠開始騷動不安，你最好試著讓牠安靜，不要等牠嗚叫五分鐘以後才這麼做。

事實上，你所設定的界線會令牠非常安心，如果情況沒有改善，就要請教獸醫。

有破壞或攻擊行為時該怎麼辦？

有些狗不能單獨留在車內，因為牠們會破壞變速桿、安全帶、座椅的海綿等。當牠們單獨留在家中時，通常也會出現相同的行為。

無論哪種情形，當你發現破壞時都不必斥責狗，因為一切都太遲了，此時狗已經無法將你的責罵和牠的破壞行為聯想在一起。

破壞可能是狗在焦慮之下的表現，最好向獸醫請教，他可以提供幫助狗的辦法。

狗開始煩躁不安時，要設法讓牠安靜

■
你知道嗎？

火車通常是較令狗安心的運輸方式：對那些在長途旅行時會感到不適的狗來說，火車通常是較能忍受的運輸方式。因為乘坐火車不會遇到明顯的轉彎，而且速度比汽車更規律，也通常有空調設備，狗的空間較不擁擠，甚至可以舒展一下四肢。

攻擊性是另一個可能令開車旅行變得困難的問題，你無法向人問路，因為狗會撲向車窗朝對方吠叫。

通過高速公路收費站時也會發生一樣的情況，當你搖下車窗時，留在車上的狗會禁止試圖進入車裡的陌生人，這是正常現象，即所謂的領域防衛。

當狗獨自留在車上時，汽車對牠而言是一個需要保護的小塊領域，因而牠會出現警戒防衛的行為。

但是，如果主人在車裡，狗還是會出現攻擊舉動的話，那就不正常了。這可能是牠自以為是領導者，那麼你就該讓牠知道事實並非如此；也可能是牠因為緊張而反應過度，如果是這種情況，可請教獸醫幫忙解決問題。

第三章

出遊・聚會

週末與假期

出外度週末或假期對狗意味著大變動時期。為了避免牠不知所措,最好保持牠的用餐習慣,並攜帶牠在家中使用的睡毯,同時從第一天開始清楚地告訴牠新生活規則。

⬆ 狗能敏銳地感覺到週末或假期造成的生活節奏改變。

當飼主帶著狗去朋友家度週末，或探訪親友時，狗似乎也成了客人。牠很清楚地知道這不是牠的領域，此地的領導者也不是牠的主人。

在朋友家做客或在家接待朋友，都必須遵守另一種安排

你永遠是狗的主人，也就是要引導牠，甚至在牠失控時斥責、糾正牠。這有點像在陌生的領域裡，你應當是牠的嚮導一樣。

既然是做客，你自然不領導這一群人，但是你對自己的狗始終有支配權。你和牠在這一大群人裡形成某種形式的小團體，也就是在廣義位階組織裡的一小部分。

維持位階觀念的一致性很重要，這樣狗在週末時才能感到輕鬆。

請注意，如果狗忘了對方的領導特權，就得立即糾正牠回到牠應該待的位置，例如：如果牠未經任何人同意，就跳上客廳的長沙發時，立刻叫牠下來。

如果是朋友來家裡做客，而他要狗離開沙發的話，你至少得在狗面前順著客人的意思，否則牠會分不清楚狀況，不知該聽誰的好。牠會利用這個模糊地帶為所欲為，這樣特別會導致狗的認知衝突。

保留在家的習慣

狗在陌生的領域缺乏自我定位的能力。為了避免狗受到過多變化的干擾，你最好盡量維持牠平常在家的生活習慣，包括：睡眠與餵食等。

⬆ 即便在朋友家，用餐時也應避免在桌邊餵狗吃東西。

◯ 如果朋友的貓習慣和
狗一起生活，你的愛
犬可能得和貓同盤共
食。

● **睡覺**

　　第一件事是為狗找一個可以
休息的地方。最好帶著牠的籃子
或睡毯，不妨也帶上牠喜歡的玩
具，這樣牠更容易明白你為牠安
排的休憩之處。牠也更容易放輕
鬆，因為又找到自己的味道了。

　　為了尊重位階的觀念，你最
好將狗的睡毯安置在某個房間的
一角，例如：起居室或廚房裡。

　　睡得好對狗和對人同樣重
要，因此，雖然理論上不建議讓
狗睡在主人的臥室，但是當狗因
為不是在自己家裡，而感到有些
不安時，讓狗待在臥室以靠近主
人，會睡得比較好，牠也會更有
能力適應這個必須停留幾天的新
環境。

● **餵食**

　　至於餵食，請攜帶狗平時習
慣的飼料，例如：同品牌的狗
食。如果牠平時每天吃兩餐，也
應照樣讓牠一天吃兩餐，並在相
同時間餵食。如果牠習慣在你們
用完餐後才吃，當然要保留這個
好習慣。如果你們的午餐或晚餐
時間可能會延後，建議在用餐前
一小時讓狗先吃東西。這樣可減
少牠在桌邊討食的機會，你也能
有更多時間安心地和朋友們準備
用餐。

懼怕陌生人

　　以上預防措施是為了狗的舒
適自在著想，但情況通常不盡如

人意。

事實上，有些狗不在自己家時，似乎會一陣混亂或是很不開心。無論給牠們吃什麼，都吃得不多，跳過幾餐不吃也是一樣，牠們白天不睡覺，寸步不離地待在主人腳邊。如果你的愛犬出現這樣的情況，別擔心，回到家後牠就會恢復原來的生活節奏，只是第一天牠可能會因為太累而睡上一整天。

總之，如果當牠不在自己家時，總是顯得焦慮不安的話，最好請教獸醫如何改善。

朋友的貓狗也會接待牠

朋友家中的動物在你的狗來到時，如果表現出領導者的姿態，是合理的現象。

● 狗

當你到別人家做客時，主人的狗和你的狗性別相同的話，牠的領導者姿態會非常明顯；例如，你朋友養的母犬會尾巴高揚、很神氣地接待你的狗。如果你養的母犬馬上以低姿態回應，牠會很快地被對方接受。如果兩隻新認識的狗快速地到院子角落去玩，一點也不足為奇。反過來，假使你養的母犬太快表現出唯我獨尊的樣子，可能會換來對

健康手冊

無論你和愛犬是度週末或假期，到國外旅行的時候，務必隨身帶著狗的健康手冊和歐盟護照。出發度假之前，檢查狗施打的預防針是否過期。並針對要去的地方，請獸醫施打必要的預防針。如需要健康證明，可在獸醫為狗檢查後請他提供。

方幾聲低吼。

是否該讓狗兒們一起吃飯？這沒有一定的規則，視雙方的狗如何表現而定。如果你朋友的狗很開心地接納你的狗，而你朋友的狗在食盤旁時不是飢腸轆轆也不具攻擊性，加上你的狗也表現得很安定的話，便可以讓牠們在同一個房間一起吃。總之，賓主用餐時，為了避免狗兒們競爭，

⊙ 如果客人的愛犬很安定，主人的狗會樂於在牠的領域裡接待來訪的狗。

你知道嗎 ⑦

朋友家裡有一屋子動物：屋子裡的動物種類越多，越不會有問題。因為各種動物已經學會相處之道，牠們已經非常社會化了。一隻狗再多加幾個人通常不太會影響牠們的生活作息，如果你的愛犬很安定又很謹慎，一切就沒問題。

盡可能不在桌邊餵食，也別讓牠們待在桌子下面。

● 貓

對貓而言，牠需要時間來了解狀況。

一隻狗進入貓的領域，就如同一個闖入者打亂了牠的生活習慣；而且狗在院子裡看到貓時，有追逐貓的壞習慣。

但在屋子裡，通常情況不一樣。別為朋友的貓擔心，當貓發現牠自己正和你的狗面對面時，會知道如何保護自己；牠會發出低吼聲，如果狗一直想要靠近牠，牠可能會伸出爪子攻擊；這幾下攻擊會讓狗感到意外，但不太會造成傷害。

貓會逃到高處一段時間，一來避開狗，二來從遠處來認識狗。如果狗的表現既安定又謹慎，貓可能會試著接近牠。

當然，最常見的狀況是貓狗一家親，已經快快樂樂地玩在一起了。

⬆ 如果狗過於堅持，貓會出聲制止，好讓牠知道牠太過分了，應該安靜下來。

在家裡接待朋友

　　有時你會在週末接待各地朋友，當客人來到家裡時，你的愛犬應該要知道迴避。

⊕ 雖然狗很想用牠最棒的玩具來迎接你的父母，但還是讓牠先等他們安頓好吧！

● 應保持的行為

　　最好清楚地告訴狗去到角落安靜地臥著。這樣牠就會知道不必去招呼客人，只須參雜在這小群人之中。牠不必太擔心，特別是牠知道牠得等你一聲令下，才可以接近客人。這段時間牠可以休息，重要的是任何客人都不能到狗籃去打擾牠，否則，如果牠因此反應不佳並且發出低吼，那是正常現象。牠在自己的避風港裡，拒絕闖入者來惹惱牠是合理的。

● 特例——興奮的狗

　　可以從先來的客人測試一下。如果你的愛犬極度興奮、撲向每個人身上，並且不停地吠叫，然後黏著每位客人，要求他們撫摸牠，或是用爪子抓人，你就不應容忍牠這麼做。必要時表現出你的不悅，下一次有客人光臨時，將牠帶到一旁讓牠臥著，並要牠在客人進門之前保持安靜。在所有人都安頓妥當後，呼喚狗前來和大家打招呼，並告訴牠要自制。如果事先已提醒過，牠仍是難以管理或是過動的話，請向獸醫請教。

度假幾星期間的其他習慣

　　度假時，作息時間、氣氛和環境通常全然改變，這表示狗也必須適應生活節奏的變化。

⊙ 度假常常為狗的生活環境帶來大變動，有時連生活節奏都會徹底改變。

⊃ 假期也是狗和孩童們碰面的機會,他們可能會變成狗的新玩伴。

出發前的壓力

狗會感受到出門度假前的繁忙。萬一大家把牠忘了,牠自己第一個跳上車也不足為奇。如果你覺得牠似乎很焦慮不安,就打發牠到牠自己的地方臥著。你必須毫不猶豫地表現出堅定的態度,這樣能讓牠安心,因為牠會知道不必擔心,一切狀況都在主人的掌握之中。

有時假期通常會持續幾週,狗不僅要接受新規定,更要開始建立自己的習慣。一隻狗通常需要三週的時間才能在新的地方完全安頓下來。

不過,假期總有結束的時候,二、三週或四週之後你仍須回到家中,重拾上班時的節奏。狗對這些變化必須努力適應,但有些狗比別的狗更容易習慣這些變動。

● 在租屋處

在租屋處,狗可以接受相當規律的生活習慣,即便作息時間不一樣——大家都晚睡晚起,仍可以保持某種節奏;例如,三餐都在差不多相同的時間享用,也可以在白天休息一下。

為了讓狗盡快適應,最好盡量保留在家時的習慣;白天在相同的時刻、相同的房間餵食,最好在主要起居室的一角,並在和家裡同樣類型的地方安置牠的睡窩。

● 露營

露營時,狗可趁機享受戶外生活,不過得時常拴著牠,以免牠打擾鄰居或是溜走。因此,別

⬆ 露營時,為了防止狗打擾鄰居,讓牠尊重「你們的領域」的界線。如果牠做不到,最好給牠繫上鏈子。

忘了安排一些和狗一起外出的活動，以免露營生活對牠而言太辛苦啦。

● 出遊

出遊的時候，除了自然公園以外，通常可以鬆開狗的鏈子。當然只有在牠聽到叫喚會回頭的時候才可這麼做。

對狗而言，出遊是非常愉快的活動，因為牠有充裕的時間聞一聞新發現的氣味，同時和主人默契十足地做長距離散步與探索新鮮事。

不過，飼主還是要先想好一些基本規則，如果沒有飲水站可以解渴的話，就要定時給牠喝水。

也別忘了，狗需要的睡眠比人類更長（參考第18頁「睡眠的重要」），如果出去玩幾天，白天安排活動時可要讓狗有足夠的休息。

海邊

通常沙灘禁止狗進入，主要是因為顧慮狗的排泄物會污染環境的關係，不過在淡季或較少人出沒的地方，或一天中的某些時段還是可以通融一下。

● 瘋狂愛水的狗

有些狗熱愛玩水，可以和海

⬆ 有些狗會在海鳥後面追逐玩耍好幾個小時。

浪玩上幾小時，或是一刻不得閒地找回你丟給牠的棍子，不然就是為了追逐海鳥跑得上氣不接下氣。有時牠們也會在你堆砌的沙堡旁邊挖掘一個大洞。如果你的狗是以上的情形，當牠跑遠時，必須確定牠是否還在你的控制之下，定時叫喚牠回來，當牠回到你身邊時記得稱讚牠。

你知道嗎？

托狗服務：無法帶狗去度假時，也有很多安置牠們的方式，例如：寵物旅館、相關協會或組織安排的寄宿家庭，也可請人到家裡照料狗。如果你的假期遇上學校假期，得提早預定以確保你想要的方式是可行的。

在沙灘上，狗可能認為遮陽傘下都是家人的領域，所以忠心地看守著。

● 怕水的狗

有些狗正好相反，牠們不喜歡海，因為海浪令牠們恐慌，同時也畏懼接近水。牠們焦慮不安，對海水浴場保持遙遠的距離。牠們拒絕泡在水中，也希望主人和牠們一樣。如果你的愛犬是這種狀況，不要勉強牠，讓牠臥在你們的衣物旁邊，命令牠不要跑開並看守東西。你們的衣物、氣味以及和牠說話時堅定的語氣，都會讓狗感到安心。

如果你們玩得很盡興，而牠也很安心，牠可能會小心翼翼地到水邊和你們一起玩。這時侯不要粗魯地對待牠，留些時間讓牠慢慢習慣。

● 游泳池邊

泳池旁邊的狀況更複雜。如果狗無法安心地泡在水裡，會使牠陷入前所未有的激動，牠會好像完全嚇呆了，繞著泳池邊跑邊叫。你會以為牠希望你和牠一起玩，但是又害怕。這個狀況可能持續幾個小時，你得將牠關起來才能清靜地游泳。

每一種狀況都各不相同，但是如果狗看來真的很不安，建議你請教獸醫，可能對牠有幫助。

如果你的愛犬在沙灘上持續玩了幾小時，得定時地呼喚牠，確認牠還在你的控制之下，同時也能讓牠安靜下來。

動物醫院或寵物美容店

通常狗到動物醫院或寵物美容店時，會恐慌不安，飼主若能理解這點將很有幫助。但是如果狗自幼時起就已經習慣去動物醫院玩玩、被人撫摸或吃些小零食，去這些地方會很快地變成愉快的事。

⬇ 有些品種的狗必須時常到寵物美容店整理儀容。

對狗而言，去動物醫院或寵物美容店時常是不愉快的時刻與不安的來源。

獸醫或寵物美容師

狗總有一天要和獸醫打交道。因為牠必須按時接種預防針，也就是依疫苗不同，至少每年接種一次。

獸醫會趁著接種的機會給狗做完整的臨床檢查，診斷時間視檢查的細節而定，但很少超過半小時。這麼做的目的是為了好好照顧狗，盡可能使牠少受痛苦。

從另一方面來看，很多狗因為不需要定期修剪（長毛犬）、脫毛（硬毛犬）或剪毛（毛長而捲的狗），因此從來不進寵物美容店。對必須經常光顧美容店的狗而言，梳理的過程有時比去看獸醫更費時，如果是脫毛的話，還會有點痛苦。

為了讓美容師確實完成工作，狗必須耐心地接受梳理。美容師通常會準備一些輔具，如類似懸吊的甲胄支架，以讓狗保持站立，而不致過度搖動或太累。

專家會隨「狗」應變

為了達成任務，獸醫或美容師會依據狗的習性而調整合適的

態度。

當面對膽小的狗時，醫師會放慢速度，語調溫和，以免加重狗的恐懼感。

反過來說，當遇到躁動的狗時，醫師便會表現出堅定而有威嚴的態度，以使狗安靜和遵守規矩。

總之，獸醫或美容師就像領導者，他的支配力自然而然地會令狗服從，狗很明顯地也會感受到這股支配力。

🔵 梳洗的過程可能持續半小時，狗必須要乖乖聽話。

獸醫應表現出領導者的態度

獸醫必須在他的領域內表現出領導者的態度，以便為狗檢查。此外，這種態度也能讓狗安心。如果獸醫對自己沒信心，狗在聽診台的高度可能令牠趁機表現出領導者之姿。

免除痛苦

狗受傷的時候，護理的過程可能引起痛苦，這時可採取局部或全身麻醉鎮定處理。不過獸醫也和一般醫生一樣，寧願採取局部麻醉或鎮定處理，以避免全身麻醉引起的危險。

有時候主人會很驚訝地發現，平常在家調皮搗蛋的狗，到了獸醫或美容師手上卻變得乖巧聽話。這種情況可能是狗在家時過度自以為是領導者的跡象。

看獸醫常令狗不舒服

去看獸醫常常讓狗和主人有負面的感覺。

獸醫的角色是照顧動物、減

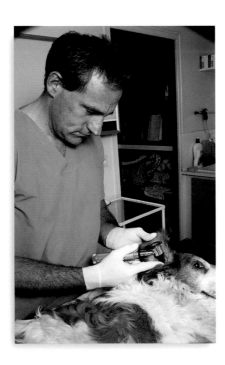

➜ 為了讓獸醫正確地完成檢查，狗必須保持鎮定。

輕牠們的痛苦，不過有時候看診真的不太舒服。

例如：狗在看診台上不准下來，並被緊緊地抓住以進行完整的檢查，有時候得在嘴巴上套上嘴套或束縛以防牠咬傷人，這些情形對狗來說鐵定不好受。

再說，如果狗生了病或受了傷的話，即使醫生已做了一切預防措施（局部麻醉、鎮定劑），全力的治療仍可能會造成狗痛苦或不舒服。

警告費洛蒙

狗有一萬個理由會認得到獸醫診所的路。不論是坐車或走路，無數的跡象都會指出主人將帶牠去看醫生。

特別是狗沿路上可聞到其他狗進出診所時留下的氣味。無疑地，越靠近時這些氣味越濃烈。氣味之中有診所的消毒味，也有其他驚恐的狗釋放的「警告費洛蒙」。

警告費洛蒙這種惡臭物是由肛門下方的肛門腺分泌出來，很容易被其他動物察覺。當狗在看診時感到害怕，或是獸醫將牠堵塞的肛門腺疏通時，都會分泌出這種物質。

後來的貓或狗可能會感受到這種信息素，而在進醫院前就開

始恐懼，因而使檢查難以進行，這就是獸醫在疏通狗的肛門腺時會非常小心的原因；通常獸醫會戴著手套，快速地清洗診台，如果沾染到分泌物，有時還會更換工作袍。

如果狗在很年幼的時候就已經習慣被帶到動物醫院，並曾在倉促之間接受醫生或護士的撫摸，牠在面對各種或多或少會引起焦慮的氣味時，便不太會隨之起舞。

反之，沒有相關經驗的狗會拒絕向前，主人只好拉著狗鏈勉強地走進候診室。

在候診室耐心等待

在候診室裡，要管理各種近距離接觸的動物有時是很棘手的。狗進入候診室後，牠會知道自己身處不尋常的地方。

● 在封閉空間

依據我的經驗和了解，無論狗是輕鬆安靜或惶惶不安，在候診室裡都會覺得不耐煩。

在候診室待上幾秒鐘以後，有些狗受到其他公犬或母犬氣味的影響，會抬起後腿撒尿。

這個撒尿做記號的動作，代

● 在動物醫院的候診室，要管理各種近距離接觸的動物，並不容易。

表狗自信十足，並要留下牠的名片。這時飼主應要保持堅定的態度並且召喚狗回到身邊，使牠保持安靜。

相反地，有些狗嚇得發抖，甚至尿在自己下面。這時責備狗並無濟於事，牠只是因為害怕而暫時喪失控制能力罷了。如果你的愛犬發生這種情況，就讓牠緊挨著你身邊臥著，使牠安心並且讓牠知道你不害怕，因此牠也沒有必要擔心。

● 狗感染主人的焦慮

事實上，在診所裡通常是主人比狗更擔心即將面對的事。不過，主人的憂慮會對狗造成不良影響，因為狗會很明顯地感受到主人的情緒並且受到波及。

主人的擔憂是可以理解的，首先是有關疾病的聯想。其實在醫生為狗做檢查之前，主人不知道狗是不是病得很重、受很多

苦、是否有治癒的機會？然後又擔心會診斷出不好的結果，這通常發生在那些不常去診所、在家又被沒妥善照顧的狗身上。對於這些狀況，主人自然無法輕鬆以對。

別擔心，獸醫會根據所接受的訓練和經驗，找出照顧狗最好的方法。

另外，有些人原本就害怕一切和疾病有關的東西，例如：消毒水的味道、針筒或血等，在這種情況下，最好請別人帶狗去看診。

獸醫看診

有些狗很不容易檢查，有時候需要很多人抓住牠們，並將牠們的嘴巴束緊，甚至進行麻醉以便進行適當的護理。

這種情形有兩個原因，一是狗感到害怕，所以設法逃脫或在無法脫身時就轉而攻擊；也可能正好相反，牠自認為是領導者，威嚇獸醫，表明牠不願意這樣任人擺布。

另一方面，有一些小型犬則是極度畏懼，當牠們被主人抱上診療台時，依然緊纏著主人的手臂不放。這有可能是一種過度依戀的表現。

無論如何，就像小孩子到了兒科診所一樣，如果一部分的檢查

可以讓狗在主人的臂彎裡完成，就不必強制狗要與主人分開，這也是一種舒緩壓力的方式。

如果狗真的很害怕，下一次看診時獸醫會考慮讓牠服用抗焦慮的藥物，這樣可減輕看診對牠的傷害，進而幫助牠慢慢習慣獸醫的觸摸。

讓狗習慣看獸醫

為了避免狗發生焦慮又痛苦的情況，應盡量讓牠在二個月大之前（也就是社會化時期）習慣去看獸醫。

最好為了比較愉快的事經常帶狗去動物醫院走動，例如：給狗量體重（多數動物醫院的候診室都有秤台）、購買狗食或玩具等。

等量完體重或讓牠坐下之後，給牠吃個零食或是牠最愛的玩具，同時稱讚牠很乖。

如果狗在醫院裡，從診斷過程到看診完畢都很安定的話，請持續以撫摸或零食獎勵牠。

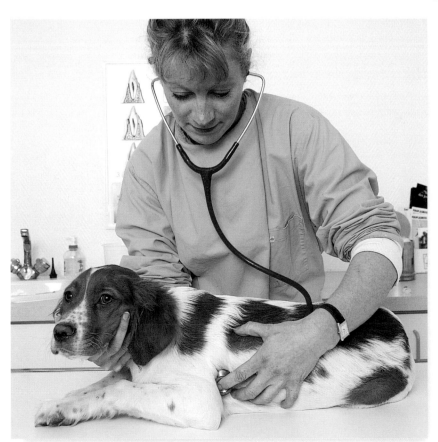

◐ 獸醫必須等狗靜止不動的時侯才能做正確的心臟聽診。

索引

國家圖書館出版品預行編目資料

了解你的狗 / 瓦蕾莉・塔瑪(Valérie Dramard)著；
喬凌梅譯. -- 初版. -- 臺北縣新店市：世茂, 2007.09
面；　公分. --（寵物館；A16）
含索引
譯自：Votre chien et vous
ISBN 978-957-776-865-0（平裝）

1. 犬　2. 寵物飼養　3. 動物行為

437.664　　　　　　　　　　　　　　96012872

寵物館 A16

了解你的狗

作　　者／瓦蕾莉・塔瑪（Valérie Dramard）
譯　　者／喬凌梅
總 編 輯／申文淑
責任編輯／謝佩親
出 版 者／世茂出版有限公司
發 行 人／簡玉芬
登 記 證／局版臺省業字第 564 號
地　　址／（231）台北縣新店市民生路 19 號 5 樓
電　　話／（02）2218-3277
傳　　真／（02）2218-3239（訂書專線）
　　　　　（02）2218-7539
劃撥帳號／19911841
戶　　名／世茂出版有限公司
　　　　　單次郵購總金額未滿 200 元（含），請加 30 元掛號費
酷 書 網／www.coolbooks.com.tw
排版製版／辰皓國際出版製作有限公司
印　　刷／辰皓國際出版製作有限公司
法律顧問／北辰著作權事務所
初版一刷／2007 年 9 月

I S B N ／978-957-776-865-0
定　　價／300 元